U0155883

小学校6年分の算数が
教えられるほど
よくわかる

数学原来可以这样学

小学篇

[日] 小杉拓也 / 著　郭勇 / 译

湖南文艺出版社
HUNAN LITERATURE AND ART PUBLISHING HOUSE

博集天卷
CS-BOOKY

前 言

教你掌握真正的数学能力，达到可以当老师的程度

● 对于小学数学中的疑问，我将用浅显易懂的方法给你彻底讲明白！

学习数学的时候，我们心中要随时带着问号，这一点非常重要。"为什么？""怎么做？"心中要是没有这样的疑问，是学不好数学的。

"为什么分数除法要变成乘法做？还要把除数的分子分母位置给颠倒？"

"圆的面积为什么是'半径 × 半径 ×3.14'呢？"

"为什么乘法和除法要列竖式计算？"

正因在学习中我们会有各种各样的疑问，我们对数学的兴趣才会不断增加。在这本书中，我将用浅显易懂的方法，把你对数学的各种疑问，彻底讲明白。小学 6 年学习的数学知识，都在我答疑的范围之内（共 12 章）。从小学一年级

学的"加减法"，到六年级学的"正比例与反比例"，小学数学知识点无一遗漏。

本书主要面向有下列需求的读者：

● 想给孩子解答数学疑问的父母
● 想科学地辅导孩子数学的父母
● 想深入理解数学的小学生、初中生
● 想重学小学数学，或把数学当作一种"头脑体操"来锻炼思维的成年人
● 想深入理解当年所学数学知识的成年人

我想，基本上所有成年人都会认为"小学数学太简单了"，"算术的知识我全都会"。可是，如果我问："为什么分数除法要变成乘法做？还要把除数的分子分母位置给颠倒？"结果，就没几个人能正确回答出来了。

成年人虽然都在小学时学过数学，后来在中学、大学也学过代数、几何乃至微积分等，他们知道计算的方法，也会用公式，但要问他们："为什么用这种方法计算？这个公式是怎么推导出来的？"还真没几个人能马上回答出来。我认为，能回答出这些基本数学问题，才能算真正掌握了"数学能力"。

很多小学生的父母，最怕孩子问自己数学问题。可是，为了帮助孩子学习，他们又是多么希望自己能给孩子讲明白呀！

另外，有些已经进入社会的成年人，发现自己在工作中也需要用到数学知识，所以他们想重新学习小学数学。这样的朋友，我劝你在复习的时候不要只停留在数学知识的表面，还要深入挖掘数学背后的原理。我相信，这个挖掘的过程

一定会激发你对数学的浓厚兴趣。

本书就是为有上述需求的朋友准备的，我将解开你心中对数学的种种疑问。不过，我的终极目标，是让读者朋友都"拥有能够成为数学老师的数学能力"！

还有，在学习数学的过程中，准确理解每一个术语的概念、含义是非常重要的。因为我认为，学习数学，就是从准确理解"最小公倍数""圆周率""比值"等各种数学用语的概念开始的。

为此，在这本书中，我会为大家仔细地讲解各种数学用语的概念和含义。

我自身有15年以上的数学教学经验和写作经验，在工作过程中，我所追求的是"最简单的数学思维方式"，这本书就包含了我的平生所学。从这一点来说，我敢自信地说，这绝对是一本独一无二的小学数学书。通过这本书，我希望帮助更多的朋友掌握真正的数学能力。

小杉拓也

读正文之前，请先读这里

接下来，我将面向那些想重新学习小学数学知识的朋友，逐步介绍数学知识。首先，我要跟爸爸、妈妈们简单聊一聊。

●和孩子一起解决问题，帮助孩子提高思考能力！
（面向小学生的爸爸、妈妈1）

当孩子问您算术问题的时候，您能流畅地给出答案吗？当孩子问您问题时，您会觉得麻烦吗？

对于孩子的提问，有些家长的回答是："这个我不懂，明天你去学校问老师吧！"也有的家长回答："乱问什么！你作业写完了没有？"像这样，把问题推给老师，或者转移话题，都不是最好的解决方法，或者说，都是反面教材。

那么，如果孩子问："为什么分数除法要把除数的分子分母颠倒过来，然后与被除数相乘？"这就是一个比较难解释的问题了，您会怎么回答呢？

遇到这种情况的时候，我认为，父母首先应该最大限度地赞美孩子。"你能想到这样的问题，真的很不错！""别人都没注意到，只有你发现了这个问题，厉害！你是怎么发现的？"像这样，对孩子不要吝啬您的赞美。

您的赞美能让孩子感受到"对数学产生疑问，是一件很好的事情"（不仅仅是数学，对其他任何科目产生疑问，都是很好的事情）。

这样一来，孩子就会继续积极地对数学知识提出问题。总能提出问题的孩子，他的思考能力就已经在提问中提高了。

赞美孩子的提问精神之后，还要尽量浅显易懂地给孩子解答他的问题。要注意的是，父母给孩子解答问题，不应该是单向的"我讲你听"，而应该是"一边引导孩子思考，一边讲解"。具体方法是，不要直接告诉孩子"因为A，所以B"，而应该问孩子："因为A，然后呢？"父母通过提问，引导孩子自己去思考。

一边解说一边引导，父母和孩子一起解决问题，才能帮孩子更透彻地理解知识点，并且孩子会记忆得更加牢固。孩子产生疑问，并在父母的引导下解决问题，在这个过程中，孩子的思考能力会得到提升。而且，这样还能让孩子感受到数学的乐趣，爱上数学。

为了不断提高孩子的思考能力，父母需要帮孩子建立一个良性循环："产生疑问→解决疑问→思考能力提高→产生更高级的疑问……"

本书涉及的数学问题，大体上可以分为三类——"Why（为什么）"、"How（怎么办）"以及"What（是什么）"。在和孩子一起解决这三类问题的过程中，

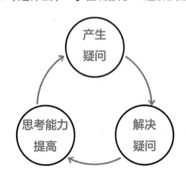

通过学习数学提高思考能力的良性循环

父母一定能帮孩子提高数学水平，并提高孩子的思考能力。

但是，对于孩子提出的问题，如果父母以不会为借口推脱给别人，或干脆转移话题，那就等于切断了良性循环。长此以往，孩子就会觉得"我向爸爸、妈妈提问也没用，他们不会给我解释的"，"对数学产生疑问，不是件好事"……

如果孩子产生了这种想法，那他势必无法体会到解决问题带来的快乐，思考能力也没法得到提升。如果不能理解一个公式是如何推导出来的，只是通过死记硬背记住了公式，那对培养思考能力有什么好处呢？另外，孩子心中的疑问一直得不到解决，那他们怎么能感受到数学的乐趣呢？搞不好他们还会对数学产生厌恶心理。为了防止这种情况发生，面对孩子的提问，父母必须保持一种和孩子一起解决问题的态度。

但是，也有一些孩子从来不会向父母提出有关数学的问题。对于这样的孩子，父母应该时常主动向他们提问，比如："在分数除法中，你知道为什么要把除数的分子分母颠倒，然后再和被除数相乘吗？"像这样，提出问题，再引导孩子一起思考，直至找到问题的答案，才是培养孩子思考能力的正确方式。

●是什么把爱迪生变成了大发明家——是妈妈的力量
（面向小学生的爸爸、妈妈2）

大家都知道电灯是谁发明的吧？那就是"发明之王"——爱迪生。爱迪生上小学的时候，听老师讲"1+1=2"，爱迪生说出了心中的疑问："老师，为什么1+1=2呢？一块黏土和另一块黏土合起来，还是一块黏土啊，只是大了一点。"结果老师无言以对，非常尴尬。

不仅如此，爱迪生总是向老师问"为什么"，老师不胜其烦，最终给了爱迪生一个退学的处分。大家试想一下，爱迪生退学之后，如果没有人引导、教育他，他日后还能成为大发明家吗？答案当然是否定的。

爱迪生的母亲南希，在孩子退学后，没有放弃他。她成了孩子的家庭教师，对于每一个问题，她都会反复教爱迪生，直到他彻底弄明白为止。而且对于爱迪生感兴趣的事物，母亲会尽量为他营造一个可以进行实践的环境。比如，她把自家的地下室腾出来，专门给爱迪生当实验室用。

结果，爱迪生在 21 岁的时候就申请到了人生第一个专利。此后的一生中，爱迪生一共有 1300 多项发明，成了名副其实的"发明之王"。爱迪生后来说："没有母亲的教育，就没有今天的我。母亲义无反顾地信任我，所以我也下决心要为了母亲而努力。我绝不会让母亲失望。"

在日本，基本上没有出现过像爱迪生、史蒂夫·乔布斯、比尔·盖茨那样的天才。但是，如果日本的父母也能像爱迪生的母亲那样重视孩子的"为什么"，并引导孩子一起思考，相信迟早有一天日本的父母也能培养出像爱迪生一样的天才。

前面讲了家长该如何面对孩子的提问，如何引导孩子解决问题，提高他们的思考能力。但是，对于孩子提出的一些数学问题，家长回答起来可能也比较困难，比如"这个公式是如何得到的"，遇到这种情况的时候，父母该怎么办呢？

要想用"浅显易懂的语言"把一个数学问题给孩子讲明白，其实还真是一件困难的事情。为什么呢？因为虽然我们头脑中明白，但要用语言来说明，尤其是要给小学生讲透彻，就没那么容易了。所以，一部分父母不愿意回答孩子的问题，甚至逃避问题，也是可以理解的。但大家不要着急，我写这本书的目的之一，就是帮助这部分家长用清楚明白的语言给孩子讲解数学问题。

对于孩子在数学中提出的"为什么"、"怎么办"以及"是什么"，我将详细地为家长讲解该如何应对。我敢自信地说，其他任何数学书都不会像我这样教家长解答孩子的问题。看了我这本书，当孩子再向您提出数学问题的时候，您就不会心慌了。

小学数学可以说是"数学这门学问的入口"。小学时数学强的同学，日后数学也不会差。要想在初中、高中的数学考试中拔得头筹，小学时一定要把数学学好。所以，在小学阶段，让孩子喜欢上数学，并提高数学成绩，对以后的学习帮助很大。

●真正理解数学 = 可以教别人数学
（面向想重新学习数学或打算把数学当作一种"头脑体操"的朋友）

接下来，我想跟那些打算自己学习数学的朋友聊几句。当然，想教自己孩子数学的家长朋友，读一读这一部分也会有所帮助。

您能真正理解数学的意义吗？能够真正理解数学意义的人，是"可以教别人数学"的人。换言之，如果您能给小学生讲明白数学题，那就说明您已经真正理解数学的意义了。

对于小学数学，很多成年人都认为自己能理解，"反正我能把数学题都做对"。但是，要问他们"这道题计算的过程是怎样的""这个公式是如何推导出来的"，很多人就讲不明白了。

所以，把大家从"我会、我明白"的程度，提高到"真正理解"的程度，就是我写这本书的目的。

作为成年人，在重新学习数学的时候，不要仅停留在自己懂了，还要达到能当老师的程度。只有真正理解数学的意义，才能真正体验到其中的乐趣。

教大家学数学的书有很多，但能让读者成为数学老师的书却几乎没有。从这个角度来看，我这本书算是开先河了。

读完这本书之后，您应该会在心里感叹："我真正理解了数学的意义！""没想到数学竟然这么有趣！"如果能让更多人感受到这种快乐，我就心满意足了。我希望能通过这本书，让更多的人喜欢上数学。接下来，就请随我一起进入一个您从未体验过的数学世界吧！

您做好准备了吗？我都等不及了！

数学原来可以这样学　小学篇

CONTENTS

目 录

第 **1** 章 解决加法和减法中的 "？" /001

一 年 级　7+5 怎么计算？　002

一 年 级　15–8 怎么计算？　007

二 年 级　为什么笔算可以计算加法？　010

二 年 级　为什么笔算可以计算减法？　014

算术专栏　天才少年高斯一瞬间就给出了答案　020

第 **2** 章 解决乘法和除法中的 "？" /021

三 年 级　两位数 × 一位数的笔算原理　022

三 年 级　两位数 × 两位数的笔算原理　027

三 年 级　乘法的笔算，有没有简便方法呀？　030

三 年 级　像 17×13 这样的两位数乘法，
能不能通过心算来解？　034

三 年 级　为什么 0×5 和 0÷5 都等于 0 ？　039

拓　展	为什么 0 不能做除数?	042
四 年 级	除法的笔算原理	045
四 年 级	在除法的笔算中,如何让试商一次性成功?	048

第3章　解决小数计算中的 "?" /053

三 年 级	小数加减法的笔算,为什么要对齐小数点?	054
四 年 级	小数乘法(笔算)的方法	057
四 年 级	小数的乘法和除法, 小数点移动的方法有什么不同?	061
五 年 级	有余数的"小数÷小数",笔算该怎么做?	066
五 年 级	2÷0.4=5,为什么商比被除数还要大?	071

第4章　解决约数与倍数中的 "?" /073

五 年 级	如何防止漏掉约数?	074
五 年 级	如何迅速找到(最大)公约数?	077
五 年 级	如何迅速找到(最小)公倍数?	083
五 年 级	如何区分最大公约数和最小公倍数?	090
五 年 级	1 为什么不是质数?	092

第 5 章　解决分数计算中的 "？" /095

五 年 级	如何流畅地约分与通分？	096
五 年 级	如何熟练掌握分数的加减法？	101
六 年 级	分数乘法，为什么要分子乘分子、分母乘分母？	106
六 年 级	分数除法，为什么要把除数的分子和分母颠倒过来，再与被除数相乘？	109
五 年 级	如何把分数转化成小数？	114

第 6 章　解决平面图形中的 "？" /121

四 年 级	长方形的面积公式是如何推导出来的？	122
五 年 级	三角形的面积公式为什么是 "底×高÷2"？	130
五 年 级	为什么三角形的内角和是 180 度？	133
五 年 级	□边形的内角和为什么是 "180×（□−2）"？	136
五 年 级	圆的周长公式为什么是 "直径×圆周率"？	139
六 年 级	圆的面积公式为什么是 "半径×半径×圆周率"？	141
六 年 级	3.14（圆周率）的乘法，怎么算才简单？	144
六 年 级	什么是放大图和缩小图？	148
六 年 级	什么是轴对称和中心对称？	151

第 **7** 章 解决立体图形中的 "?" /155

五 年 级	长方体的体积公式为什么是"长 × 宽 × 高"?	156
五 年 级	容积和体积有什么区别?	160
四 年 级	正方体的展开图有多少种?	162
六 年 级	如何求棱柱体和圆柱体的体积?	165

第 **8** 章 解决单位中的 "?" /171

五 年 级	什么是平均?	172
五 年 级	用谁除以谁?	176
二 年 级	如何记忆各种单位之间的关系?	181
二 年 级	如何熟练掌握单位的换算?	187
六 年 级	如何熟练掌握速度单位的换算?	190
算术专栏	挑战初中入学考试中的单位换算	195

第 **9** 章 解决比率中的 "?" /197

五 年 级	什么是比率?	198
五 年 级	在计算比率的时候,如何分辨基准量和比较量?	202

五 年 级	如何记忆比率的公式?	205
五 年 级	如何解比率的问题?	209
五 年 级	什么是百分数、成数?	214
五 年 级	如何解百分数、成数的问题?	218

第10章 解决比中的"?" /223

六 年 级	什么是比?	224
六 年 级	比率和比有什么区别?	227
六 年 级	如何解比的问题?	229

第11章 解决正比例与反比例中的"?" /233

| 六 年 级 | 什么是正比例? | 234 |
| 六 年 级 | 什么是反比例? | 238 |

第12章　解决排列组合中的 "？" /243

| 六 年 级 | 排列与组合有什么区别？ | 244 |
| 六 年 级 | 解组合问题，还有其他方法吗？ | 247 |

后记 /250

第 1 章

解决加法和减法中的

" ? "

7+5 怎么计算?

15-8 怎么计算?

为什么笔算可以计算加法?

为什么笔算可以计算减法?

算术专栏　天才少年高斯一瞬间就给出了答案

7+5 怎么计算?

"7+5 怎么计算?"

如果孩子问您需要进位的加法,您该怎么给孩子讲解呢?

用玻璃球数、掰着手指数、画图来数……您的方法可能有很多种。各种方法都可以,没有好坏之分,最终的目标都是教会孩子用心算的方法得到"7+5=12"的结果。

为了实现这个目标,我推荐一种"樱桃算法"。这个名字是不是很有趣? 下面且听我细细道来。

例 1　　7+5=

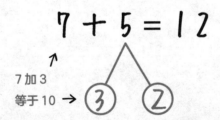

(1) 在 5 的下面画两个"樱桃",把 5 分成 3 和 2;

(2) 7 加 3 等于 10;

(3) 10 和另一个"樱桃"中的 2 相加,最终结果就是 12。

通过以上三个步骤,计算出 7+5=12 的结果,用的就是所说的"樱桃算法"。对小学生来说,画"樱桃"的方式很有趣,所以他们一般不

会排斥。而且这个方法形象生动，更容易理解和记忆。其实现在，大多数小学的数学教科书中，都用这种方法来教孩子需要进位的加法。

对一年级的小学生来说，"樱桃算法"的难点在于第一步，"把5分成3和2"。在把5分解之前，首先要知道"7和几相加等于10"。

要想熟练掌握带进位的加法，首先要熟记"相加等于10的两个数"。下面的练习，有助于孩子记忆相加等于10的两个数。

$1 + \square = 10$　　　$2 + \square = 10$　　　$3 + \square = 10$　　　$4 + \square = 10$

$5 + \square = 10$　　　$6 + \square = 10$　　　$7 + \square = 10$　　　$8 + \square = 10$

$9 + \square = 10$

实际上，日本的小学数学教科书也是先教孩子掌握"相加等于10的两个数"，再教进位加法。反过来看，进位加法学得不好的孩子，大部分是因为没有牢记"相加等于10的两个数"。解决这个问题也很简单，就是让孩子反复做上面的练习。

如果孩子问您："7+5该怎么计算？"您不用"樱桃算法"来教孩子分步骤解决问题，一上来就教孩子心算的话，您多半会遇到困难。因为在没有理解"凑10"原理的情况下，直接心算需要进位的加法，对一年级的小学生来说，门槛有点高了。

一上来就教孩子较难的方法，容易给孩子带来挫败感，打击他们对算术的兴趣。所以，应该根据孩子的年龄段，循序渐进地采取分步教法。还有个术语专门形容这种方法，叫作"小步法"。把算术问题分成若干个小步骤，循序渐进地给孩子讲解，孩子理解起来就没有困难了。

以上楼梯为例，如果第一级楼梯就很高，孩子肯定不容易爬上去。但如果在较高的第一级之前，再设置几级小台阶，孩子登上去就很容易了。

好难爬哟！

第一级就很高

这就容易多了！

设置一些小台阶（小步法）

　　可以说，为了让孩子掌握进位加法的心算能力，"樱桃算法"就是很好的小步法。"樱桃算法"只是一个例子，我就是想借这个例子告诉大家，在教孩子算术的时候，不要一下子把难度提得很高，要一步一步循序渐进地带领孩子达到目标。

　　进一步讲，如果孩子熟练掌握了"樱桃算法"，那么一位数加一位数的进位加法，就可以通过心算来做了。

　　另外，使用"樱桃算法"的思维方式，还可以计算一位数加两位数、两位数加两位数的加法。我们先来看一个一位数加两位数的例子。

例2　79 + 4 =

$$79 + 4 = 83$$

79 加 1
等于 80 →　①　③

　　（1）在 4 下面画两个"樱桃"，把 4 分为 1 和 3；

　　（2）79 加 1 等于 80；

　　（3）80 再和另外一个"樱桃"中的 3 相加，就得到 83。

如例 2 中所示，两位数加一位数（或者一位数加两位数）的加法，同样可以使用"樱桃算法"。接下来我们看两位数加两位数的例子。

例 3　　25 + 36 =

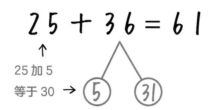

（1）在 36 下面画两个"樱桃"，把 36 分为 5 和 31；

（2）25 加 5 等于 30；

（3）30 再和另外一个"樱桃"中的 31 相加，就得到 61。

同理，两位数加两位数，同样可以用"樱桃算法"。

在这一小节中，我们主要学习了"樱桃算法"。如果经过反复练习，孩子能够熟练掌握"樱桃算法"的话，那么不用实际画"樱桃"，孩子就可以在头脑中进行拆分计算了，这不就实现了心算吗？

当孩子可以在头脑中进行进位加法的心算后，下一步就该进入"背诵"阶段了。背诵什么内容呢？就是一位数加法的结果。比如"1 + 4 = 5""3 + 8 = 11""9 + 6 = 15"等。让孩子把所有的结果都背下来。

我们小时候学习乘法的时候，都背过乘法口诀表（九九表）。乘法口诀表背得滚瓜烂熟后，做乘法就没问题了。可以说，乘法口诀表是做乘法计算的基础。同样的道理，一位数加法的结果，也是做加法计算的基础。

和乘法口诀表一样，一位数加法总共也有 81 种。要通过死记硬背的方式让孩子一下子背诵 81 种一位数加法的结果，孩子肯定会烦，从而产生抗拒心理。所以我不主张采取死记硬背的方式，而应该让孩子在反复的加法练习中，准确记住这 81 种加法的结果。

　　不过，在一位数加法中，有没有个别数字相加时总让人算错呢？上小学的时候，我就总把"7 + 5"和"8 + 5"的结果搞错。遇到容易出错的个别数字时，没有别的办法，只有反复重点练习，坚持一段时间就好了。

15-8 怎么计算？

一年级

遇到退位减法的时候，一般小学教科书也用"樱桃算法"来教孩子。下面我们就看看具体计算方法。

例1　15 − 8 =

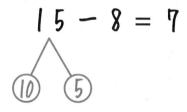

（1）在 15 下面画两个小"樱桃"，把 15 分成 10 和 5；

（2）先用 10 减去 8 得到 2；

（3）再把 2 和 5 相加，得到最终结果 7。

使用以上三个步骤，可以引导孩子掌握退位减法的计算方法。但是，聪明的您可能已经隐约感觉到了，"这个方法似乎有点麻烦"。先做减法，再做加法，有人给它取名叫"先减后加樱桃算法"，操作起来确实有点麻烦。

那我们再来看看另一种方法，它同样可以计算退位减法。

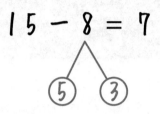

（1）在 8 下面画两个小"樱桃"，把 8 分成 5 和 3；

（2）先用 15 减去 5 得到 10；

（3）再用 10 减去 3，得到最终结果 7。

因为先做减法，再做减法，所以有人给它取名叫"先减再减樱桃算法"。这种方法是不是比前一种方法要简单一点？在学校里，教孩子退位减法的时候多用"先减后加樱桃算法"，但如果能用"先减再减樱桃算法"的话，可能更便于孩子掌握。

不管怎样，掌握了上述两种方法后，孩子们就可以计算较大的两位数减一位数的退位减法了。我们来看个例子。

例2 73 - 5 =

我们先用"先减后加樱桃算法"来做这道题。

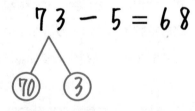

（1）在 73 下面画两个小"樱桃"，把 73 分成 70 和 3；

（2）先用 70 减去 5 得到 65；

（3）再把 65 和 3 相加，得到最后结果 68。

下面我们用"先减再减樱桃算法"再计算一次。

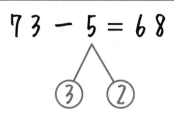

（1）在 5 下面画两个小"樱桃"，把 5 分成 3 和 2;

（2）先用 73 减去 3 得到 70;

（3）再用 70 减去 2，得到最终结果 68。

两位数减一位数的退位减法，可以用上述两种"樱桃算法"教孩子。

至于是"先减后加樱桃算法"简单，还是"先减再减樱桃算法"好理解，就见仁见智了。总之，这两种方法都可以帮孩子掌握减法的心算技巧。

为什么笔算可以计算加法?

先跟大家说明一下，这里所说的笔算，就是用竖式的形式来计算加减法。我们第一次在学校学习竖式计算的时候，老师都应该给我们讲过"用竖式计算的原理"。随着时间的流逝和练习的增加，我们都能熟练地使用竖式进行计算了。但是，竖式计算的原理，也渐渐地被遗忘了。

接下来，我就和大家一起回顾一下竖式计算的原理，先从加法竖式计算开始。

例 **56 + 75 =**

用竖式计算这道题，具体方法如下：

$$
\begin{array}{r}
1 \\
56 \\
+\,75 \\
\hline
131
\end{array}
$$

通过上述竖式，我们计算出 56 + 75 = 131，可竖式计算的原理到底是什么呢？为此，我们必须首先理解"进位"的概念。

为了帮大家理解"进位"的概念，我用 10 元硬币 * 和 1 元硬币进

---

* 原书为日本引进，此处及后文的硬币皆为日元。

行讲解。求"56元 + 75元 = ？"，我用 5 个 10 元硬币和 6 个 1 元
硬币表示 56 元；另一方面，用 7 个 10 元硬币和 5 个 1 元硬币表示
75 元。那么，使用硬币的竖式来计算"56 + 75"的时候，情况就如
下图所示：

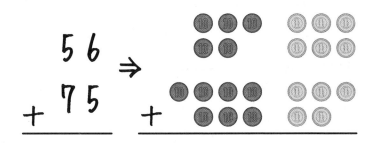

我们先看 1 元硬币（个位），有 5 个 1 元硬币和 6 个 1 元硬币相加，
得到 11 个 1 元硬币。我们把这 11 个 1 元硬币收集起来，拿出其中 10
个 1 元硬币换成 1 个 10 元硬币。那么这个 10 元硬币，就应该放入那
堆 10 元硬币中。这就是所谓"进位"。形象地讲，把 10 个 1 元硬币
换成 1 个 10 元硬币，就是"进位"。而剩下的那一个 1 元硬币，就是
最终答案的个位数。请看下图：

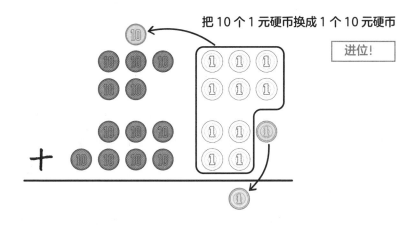

下面我们再看看 10 元硬币（十位）的情况。从个位进位来的 1 个

10 元硬币，加上原来的 5 个和 7 个，等于 13 个 10 元硬币。我们再把这 13 个 10 元硬币收集起来，拿其中的 10 个 10 元硬币换一个 100 元硬币。这个 100 元硬币，就应该进位到百位上。像这样，把 10 个 10 元硬币换成 1 个 100 元硬币，也是"进位"。而剩下的 3 个 10 元硬币，依然保留在十位。整体来看，现在百位上有 1 个 100 元硬币，十位上有 3 个 10 元硬币，个位上有 1 个 1 元硬币。如下图所示：

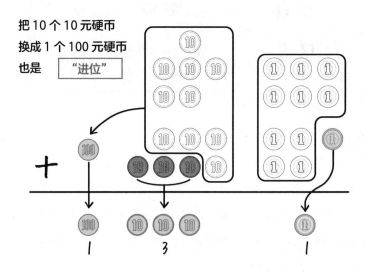

结果，我们算出 56 + 75 = 131。使用硬币进行说明之后，相信您也理解了用竖式计算加法的原理。

"进位"的真正含义是："当某一位的数字相加得到两位数时，应该把这个两位数十位上的数字进到前一位上。"

还以硬币来举例，将 10 个 1 元硬币换成 1 个 10 元硬币，将 10 个 10 元硬币换成 1 个 100 元硬币，就是对"进位"的形象描述。在给孩子讲解加法进位的时候，如果一边用硬币演示一边讲，是不是更容易帮助孩子理解呢？而且孩子也一定会记得更牢。

在这一小节中，我们以"56 + 75 = 131"为例，学习了竖式加法的原理。请大家做下面的填空题，复习一下。

关于加法竖式计算，请填空。

$$
\begin{array}{r}
5\,6 \\
+\ 7\,5 \\
\hline
1\,3\,1
\end{array}
$$

- 十位表示 10 元硬币的个数，个位表示 1 元硬币的个数。

- 在竖式计算中，先看个位。6 个 1 元硬币加 5 个 1 元硬币，等于 11 个 1 元硬币。

- 在 11 个 1 元硬币中，取（A）个，换成 1 个 10 元硬币，并进位。

- 接下来，我们再看十位。从个位进位上来的 1 个 10 元硬币，加上 5 个 10 元硬币，再加上 7 个 10 元硬币，等于 13 个 10 元硬币。

- 在 13 个 10 元硬币中，取（B）个，换成 1 个 100 元硬币，并进位。

- 于是，这道加法题的最终答案是（C）。

- 像这样，把 10 个 1 元硬币换成 1 个 10 元硬币，把 10 个 10 元硬币换成 1 个 100 元硬币，叫作（D）。

（答案）

（A）10　（B）10　（C）131（D）进位

为什么笔算可以计算减法？

二年级

接下来，我们看看用笔算（竖式）计算减法的原理。

例1　52 - 18 =

用竖式计算这道减法题，如下所示：

$$
\begin{array}{r}
\overset{4}{\cancel{5}}2 \\
-\ 18 \\
\hline
34
\end{array}
$$

通过竖式计算，我们得出"52 - 18 = 34"，但是，用竖式计算减法的原理是什么呢？因此，理解"退位"的概念非常重要。

我们再次请出那个好用的解说工具——硬币。如果用硬币表示"52 - 18"，就如下图所示：

$$
\begin{array}{c}
52 \\
-\ 18
\end{array}
\Rightarrow
$$

首先，我们看 1 元硬币（个位）。从 2 个 1 元硬币中没有办法减去 8 个 1 元硬币，不够减。遇到这种情况该怎么办？我的办法是从隔壁十位上借一个 10 元硬币。然后把这个 10 元硬币换成 10 个 1 元硬币。像这样，把 1 个 10 元硬币换成 10 个 1 元硬币的操作，就叫作"退位"。原本，表示 52 的硬币是 5 个 10 元硬币和 2 个 1 元硬币，现在，个位向十位借了 1 个 10 元硬币，并换成了 10 个 1 元硬币。结果表示 52 的硬币就变成了 4 个 10 元硬币和 12 个 1 元硬币。请参考下图：

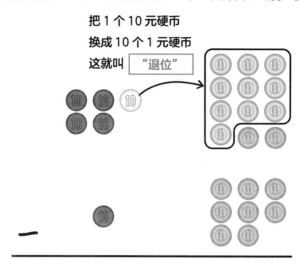

这时，我们用 12 个 1 元硬币减去 8 个 1 元硬币，个位就剩了 4 个 1 元硬币。4 便是计算结果个位上的数字。接下来再看十位，用 4 个 10 元硬币减去 1 个 10 元硬币，还剩 3 个 10 元硬币。

3 便是计算结果十位上的数字。计算过程如下图所示：

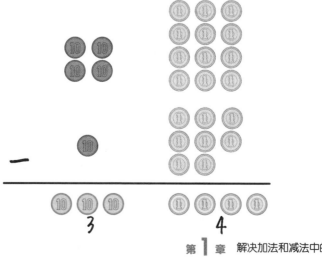

到这里，我们就计算出"52 - 18 = 34"。用硬币来讲解，竖式减法的原理是不是一目了然了？

关于"退位"的准确含义是："高位借给相邻的低位1个数，高位的数字减去1，低位的数字加上10。"

以硬币为例，1个10元硬币换成10个1元硬币，1个100元硬币换成10个10元硬币的操作，就是"退位"。

下面我们把进位和退位总结一下。

以1元硬币和10元硬币为例，10个1元硬币换成1个10元硬币，叫作"进位"；反之，1个10元硬币换成10个1元硬币，叫作"退位"。理解进位和退位的区别也非常重要。请参考下图：

下面我们再来看一个例子。

例2   300 - 137 =

在计算类似"300 - 137"这样的退位减法题时，很多小学生不知道该怎样退位，结果导致计算错误。正确算法如下：

$$
\begin{array}{r}
\overset{2}{\cancel{3}}\overset{9}{\cancel{0}}\overset{}{0} \\
-\ 1\ 3\ 7 \\
\hline
1\ 6\ 3
\end{array}
$$

通过竖式计算，我们得出"300 - 137 = 163"，其中的原理如下：

用硬币表示"300 - 137"的话，如下页图所示。300的十位和个位都是0，所以在十位和个位就没有硬币。

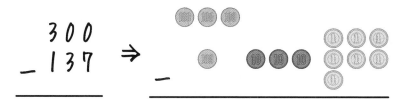

我们先看个位，1 元硬币有 0 个，没有办法减去 7 个 1 元硬币，不够减。通常情况下，我们会向前一位（十位）借 1 个 10 元硬币，但在这道题中，十位也是 0，也没有硬币可借，那该怎么办呢？我们可以从百位上借 1 个 100 元硬币给十位。300 元用 3 个 100 元硬币表示，那么借 1 个给十位，百位上就剩 2 个 100 元硬币了。我们把十位上的 1 个 100 元硬币换成 10 个 10 元硬币。这样一来，就可以从十位借给个位 1 个 10 元硬币了。结果，300 元的百位上有 2 个 100 元硬币，十位上有 9 个 10 元硬币，个位上有 10 个 1 元硬币。如下图所示：

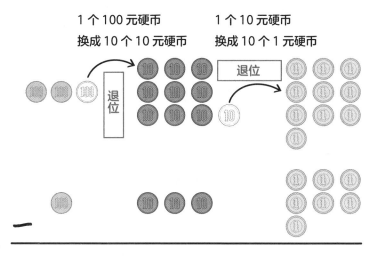

也就是说，把原来的 3 个 100 元硬币，换成了"2 个 100 元硬币、9 个 10 元硬币和 10 个 1 元硬币"。

这时，用被减数各位上的数字减去减数相应各位上的数字，就得到了结果。

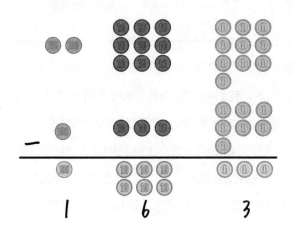

以上就是用竖式计算"300 - 137 = 163"的原理。像这样，在充分理解退位原理的基础上进行竖式计算，就可以避免出错。

在实际计算中，其实只要孩子知道方法，也可以正确计算出结果。但只知道方法是不够的，还要理解原理。因为探究原理的过程，就是锻炼思维能力的过程。懂得原理，日后才能举一反三。

但是，在用上面介绍的竖式方法计算"300 - 137"的时候，可能有小学生会觉得麻烦，或者不好理解。

前面我也讲过，很多小学生不容易理解连续退位，导致减法计算经常出错。如果孩子难以连续退位的话，我还有一种应急方法，可以帮孩子做对这样的减法题。

下面我给您介绍一下这个应急方法。我们可以把"300 - 137"变化成这种形式："299 减 137，再加上 1。"也就是说，"300 - 137 = 299 - 137 + 1"。计算"300 - 137"时需要连续退位，对小学生来说有点麻烦，但变形成"299 - 137 + 1"之后，计算的时候不需要退位，简单很多。

那么我们就实际计算一下，299 减去 137，等于 162，162 再加上 1，就得到 163。熟练掌握这种方法之后，其实不用竖式计算，心算也可以快速得到结果。

这种方法适合于被减数是 300、1000、20000 之类很整齐的数字。我们再来做一道例题。

例3　1000 － 781 =

很整齐的 1000，减去 781。如果用竖式计算的话，如下所示，但需要连续退位，有点烦琐。

$$
\begin{array}{r}
9\,9 \\
\cancel{1}\,\cancel{0}\,\cancel{0}\,0 \\
-\ 7\,8\,1 \\
\hline
2\,1\,9
\end{array}
$$

但是，如果用我刚才讲的"应急方法"计算的话，就简单多了，因为不涉及退位。也就是，把"1000 － 781"变成"999 减去 781，再加上 1"。

$$1000 - 781 = 999 - 781 + 1$$
$$= 218 + 1 = \underline{219}$$

不知大家发现没有，这种方法其实很实用，比如您去超市买东西，钱包里都是 1000 日元、10000 日元的大钞，在计算找零的时候，就可以用上述方法。下次您带孩子去超市买东西的时候，可以试着让孩子算一算。

天才少年高斯一瞬间就给出了答案

在德国的一所小学里，数学老师给学生们出了这样一道题：

问题　$1 + 2 + 3 + \cdots + 98 + 99 + 100 =$

"什么？这不可能算出来！""老师，你故意刁难我们吧！"……很多同学认为这道题根本不适合他们这个年纪的孩子计算，但也有同学开始一步一步地计算起来。

可就在这时，班里的天才少年高斯，马上给出了正确答案："5050！"老师和同学无不感到震惊。

高斯是怎么算出来的呢？

从 1 加到 100，如果稍加变形，可以得到下面的形式：

$$\begin{array}{r} 1 + 2 + 3 + \cdots + 49 + 50 \\ +\ )\ \overline{100 + 99 + 98 + \cdots + 52 + 51} \\ \hline 101 + 101 + 101 + \cdots + 101 + 101 \end{array}$$

上下相加，都等于 101

一共有 50 组 101

也就是说，$1 + 100 = 101$、$2 + 99 = 101$……$50 + 51 = 101$，一共有 50 组 101。所以，$101 \times 50 = 5050$。这就是最终答案。

在之后的学习中，高斯也表现出了超高的数学天赋，老师曾经对他说："我已经没有什么可以教你了。"高斯长大之后，成了一名了不起的数学家，而且被后人誉为"19 世纪最伟大的数学家之一"。

第 **2** 章

解决乘法和除法中的

" ? "

两位数 × 一位数的笔算原理

两位数 × 两位数的笔算原理

乘法的笔算，有没有简便方法呀？

像 17×13 这样的两位数乘法，能不能通过心算来解？

为什么 0×5 和 0÷5 都等于 0？

为什么 0 不能做除数？

除法的笔算原理

在除法的笔算中，如何让试商一次性成功？

两位数×一位数的笔算原理

三年级

例1　12×6＝

用笔算的方法（竖式）计算"12×6"，具体方法如下：

$$\begin{array}{r} 12 \\ \times\ \ 6 \\ \hline 72 \end{array}$$

我们为什么可以用竖式的形式来计算两位数乘以一位数的乘法呢？我们来研究一下其中的原理。

用竖式计算乘法，其实利用了一个名叫"乘法分配律"的基本法则。那"乘法分配律"又是什么呢？我们先来学习一下"乘法分配律"。

【乘法分配律】　□要分别与括号里的○和△相乘

$$(○+△)×□ = ○×□+△×□$$

$$□×(○+△) = □×○+□×△$$

计算 12×6 的话，我们可以先把 12 分解成 10＋2，然后再利用乘法分配律，分别与 6 相乘，最后再把结果加起来就行了。

$$12 \times 6$$
$$= (10 + 2) \times 6$$ 把 12 分解成 10 + 2
6 分别与 10 和 2 相乘

$$= 10 \times 6 + 2 \times 6$$
$$= 60 + 12 = \underline{72}$$

那么，为什么会有"乘法分配律"这种法则？它的原理是什么？我就以 12 × 6 为例给大家讲解乘法分配律的推导原理。还是用硬币进行讲解，我们可以把 12 × 6 转换成下面这个问题："有 6 组硬币，每组有 12 元，求这 6 组 12 元一共是多少钱。"用图表示的话，如下所示：

12 元（1 个 10 元硬币和 2 个 1 元硬币）

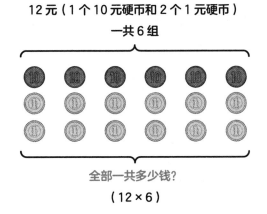

12 × 6，用乘法分配律来解的话，先把 12 分解成 10 + 2。用硬币表示的话，就是 1 个 10 元硬币和 2 个 1 元硬币。于是，12 × 6 就可以变形为（10 + 2）× 6。

这时，从整体上看，我们一共有 6 个 10 元硬币，而 2 个 1 元硬币一共有 6 组，即 12 个。于是，就可以变形为（10 + 2）× 6 = 10 × 6 + 2 × 6。这就是"乘法分配律"成立的原理。用图表示的话，如下页所示：

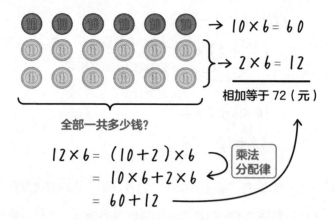

$$10 \times 6 = 60$$

$$2 \times 6 = 12$$

相加等于 72（元）

全部一共多少钱?

$$12 \times 6 = (10 + 2) \times 6$$
$$= 10 \times 6 + 2 \times 6$$
$$= 60 + 12$$

乘法
分配律

顺便说一句，在给孩子讲"乘法分配律"的时候，一开始没有必要对低年级学生使用"乘法分配律"这个数学术语，只需告诉他们"有这样一种计算法则"。等他们理解了这个法则的原理之后，再告诉他们这叫"乘法分配律"。这样不会让孩子一上来就被术语吓到，产生畏难情绪。

再回到正题上，用竖式计算乘法的时候，会用到"乘法分配律"。那么，该怎么在竖式中体现出来呢? 请看下面的竖式:

$$
\begin{array}{r}
12 \\
\times\ 6 \\
\hline
12 \quad \leftarrow〔A〕\ 2 \times 6 \\
60 \quad \leftarrow〔B〕\ 10 \times 6 \\
\hline
72
\end{array}
$$

我们可以看到，〔A〕段写的是 $2 \times 6 = 12$，〔B〕段写的是 $10 \times 6 = 60$。然后再把 12 和 60 加起来，就得到了最终结果 72。像上面的竖式这样的计算方法，就体现了乘法分配律。

但是，专门按照乘法分配律分层写出来的竖式比较麻烦，所以，在实际竖式计算中，虽然思想方法还是基于乘法分配律，但往往省略分层

数学原来可以这样学 小学篇

的步骤，竖式如下所示：

$$\begin{array}{r} 12 \\ \times\ 6 \\ \hline 72 \end{array}$$

以上就是使用竖式计算两位数乘以一位数的原理。顺便介绍一下，像 12×6 这样的乘法题，使用乘法分配律的话，不用竖式也可以算出结果，具体方法如下：

$$
\begin{aligned}
12 \times 6 &= （10 + 2）\times 6 \\
&= 10 \times 6 + 2 \times 6 \\
&= 60 + 12 \\
&= 72
\end{aligned}
$$

如果孩子能把上述流程熟记于心，那么像 12×6 这样的两位数乘以一位数的计算题，心算也可以算出答案。这种方法可以作为竖式计算的补充，教给孩子。我们再看一道例题：

例2　$87 \times 9 =$

使用乘法分配律的话，计算过程如下：

$$
\begin{aligned}
87 \times 9 &= （80 + 7）\times 9 \\
&= 80 \times 9 + 7 \times 9 \\
&= 720 + 63 \\
&= 783
\end{aligned}
$$

掌握了这种方法之后，所有两位数乘以一位数的乘法题，都可以心算出结果。另外，如果熟练掌握两位数乘以一位数乘法心算后，在做除法计算的时候，对试商也有很大帮助（详见 P48）。所以，当孩子在学习乘法的时候，我主张一定要教孩子理解乘法分配律的原理。

两位数 × 两位数的笔算原理

例 38 × 24 =

对于两位数乘以两位数的乘法计算题，如 38 × 24 ，笔算（竖式计算）方法如下：

$$
\begin{array}{r}
  3\,8 \\
\times\ 2\,4 \\
\hline
  1\,5\,2 \\
  7\,6 \\
\hline
  9\,1\,2
\end{array}
$$

为什么用竖式可以计算像 38 × 24 这样的两位数乘以两位数的乘法呢？实际上，两位数乘法，同样也要用到乘法分配律。

用乘法分配律计算 38 × 24 ，方法如下。首先把 24 分解成 20 + 4（当然，分解 38 也可以，这里我们选择分解 24 ）。

$$
\begin{aligned}
38 \times 24 &= 38 \times (20 + 4) \\
&= 38 \times 20 + 38 \times 4 \\
&= 760 + 152 \\
&= 912
\end{aligned}
$$

我们再看一次 38 × 24 的竖式计算方法。

$$
\begin{array}{r}
38 \\
\times\ 24 \\
\hline
[A]\cdots\ 152 \\
[B]\cdots\ 76 \\
\hline
912
\end{array}
$$

向左错一位

我们可以看到，在〔A〕段，计算的是（38×4＝）152。在〔B〕段计算的是（38×2＝）76，在写76的时候，向左错了一位。为什么76要向左错一位呢？因为在〔B〕段的个位，实际上有一个0，因为省略了这个0，所以看起来就像向左错了一位。

$$
\begin{array}{r}
38 \\
\times\ 24 \\
\hline
[A]\ 38\times4 \rightarrow\ 152 \\
[B]\ 38\times20 \rightarrow\ 760 \\
\hline
912
\end{array}
$$

0被省略了

在〔B〕段实际计算的是（38×20＝）760。

但是因为这里省略了0，所以看起来就像向左错了一位。换言之，38×20可以变形为38×2×10，所以，如果只写38×2＝76的话，就得向左错一位。

用竖式计算两位数乘法的时候，也是利用了乘法分配律，38×24＝38×（20＋4）＝38×20＋38×4。在竖式中，〔A〕段计算的是38×4＝152，〔B〕段计算的是38×20＝760，两者相加，152＋760＝912。

以上就是用竖式计算两位数乘以两位数的原理，是不是感觉有点麻烦？但实际上，根据同样的原理，我们就可以计算三位数乘以两位数、两位数乘以三位数、三位数乘以三位数、四位数乘以四位数等所有多位数乘法了。

让孩子通过反复练习掌握多位数乘法的竖式计算方法非常重要。同时，通过上述方法帮孩子分析多位数乘法竖式计算的原理，可以帮助孩子加深对算术的理解。

乘法的笔算，有没有简便方法呀?

三年级

多位数乘法，尤其是当数字的位数比较多时，用竖式计算还是比较麻烦的。不过，当具备某些特定条件的时候，竖式乘法也有简便算法，主要有两种类型。本小节我们就来学习两种简便算法。

【类型 1】 十位为 0 的三位数乘法

例1　**708 × 34 =**

708 是个三位数，而且十位是 0，对于十位是 0 的三位数，竖式乘法如下所示:

$$
\begin{array}{r}
708 \\
\times\ 34 \\
\hline
B \rightarrow 28\ 32 \leftarrow A \\
D \rightarrow 21\ 24 \leftarrow C \\
\hline
24072
\end{array}
$$

A 是（4 × 8 =）32，B 是（4 × 7 =）28，C 是（3 × 8 =）24，D 是（3 × 7 =）21。到这里为止，只需计算个位数乘法，也无须进位，很简单吧。

708 的十位是 0，0 和任何数相乘结果都等于 0，所以才会出现前面竖式那样的简便算法。以后再遇到十位是 0 的三位数乘法时，大家就记得要采用这种简便算法。

但是，如果把前面算式中两个乘数换个位置，变成"34×708"的话，可能有些同学就会按照下面的方法来算了。

$$
\begin{array}{r}
34 \\
\times\ 708 \\
\hline
272 \\
238 \\
\hline
24072
\end{array}
$$

这种计算方法当然也没错。但是，我觉得这样计算起来要麻烦一些，因为要涉及进位，容易出错。不要忘记，乘法还有一个法则叫作交换律，即乘数交换位置，结果不变。所以，34 × 708 = 708 × 34。乘数交换位置之后，再用前面的简便算法计算，就轻松多了。

【类型 2】 末尾是 0 的多位数乘法

例 2 $9700 \times 260 =$

$$
\begin{array}{r}
9700 \\
\times \ 260 \\
\hline
0000 \\
58200 \\
19400 \\
\hline
2522000 \\
\end{array}
$$

这种竖式计算方法当然是正确的。但是，它的缺点是耗时、烦琐，而且容易出错。遇到这种情况的时候，可以先把乘数末尾的 0 省略掉，先计算不是 0 的部分，最后再把 0 加到结果上就行了。试一下您就会发现，感觉上要简便得多。

（1）用竖虚线把 0 和非   （2）计算 97×26   （3）把划出去的 3 个 0
    0 部分区分开   直接加到结果末尾

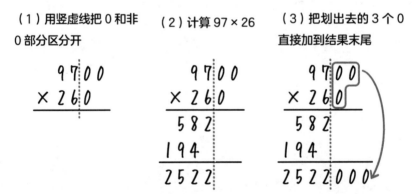

请大家注意，如果是在考试中，计算出结果之后，要把那条虚线擦掉。等熟练之后，就不用画那条线了，只要心里有那条线就行了。不过，为什么可以这样计算呢？其中的原理如下所示：

$$9700 \times 260 = 97 \times 100 \times 26 \times 10$$

$$= 97 \times 26 \times 100 \times 10$$

$$= (97 \times 26) \times 1000$$

9700×260 可以变形为（97×26）×1000，所以可以先计算 0 以外的数字，最后再加上 3 个 0（乘以 1000）就行了。

以上就是多位数乘法中两种简便运算的类型。其实，这两种简算类型的题在考试中经常出现，所以大家一定要让孩子多加练习，直到熟练掌握为止。

像 17×13 这样的两位数乘法，能不能通过心算来解？

在中国、日本，要求小学生背诵的乘法口诀表一般最大到 9×9，但印度学生则会背诵到 19×19。如果 19×19 以内的乘法结果能够不假思索就随口说出的话，那么做乘法心算就非常简单了。

如果有学生问我："像 17×13 这样的乘法题，能用心算计算出来吗？"我的回答是："能！"如果使用乘法分配律，那么 17×13 可以这样解：

$$17 × 13 = （10 + 7）× 13$$
$$= 10 × 13 + 7 × 13$$
$$= 130 + 91$$
$$= 221$$

如果能在头脑中按上述过程运算，就可以用心算的方法算出 17×13 的结果，但多少有些麻烦。

下面我就为您介绍一种比乘法分配律更简便的心算方法，叫作"送礼算法"（在我的其他书中，我也曾经把这种方法称为"超级送礼算法"，但在本书中，统一称为"送礼算法"）。

例1 **用"送礼算法"心算 17×13。**

（1）在 17×13 中，把 13 个位上的 3 作为"礼物"送给左边的

17。这样一来，17 × 13 就变成了 20 × 10。

把 3 作为"礼物"送给 17

17 × 1③

增加 3 ↓   减少 3 ↓

20 × 10

（2）计算 20 × 10 = 200。

（3）然后，将 17 个位上的 7 和作为"礼物"的 3 相乘，得到
21。再加上前面计算得出的 200，就得出结果 221。

于是，便计算出了 17 × 13 = 221。是不是觉得很简单？对于两位
数乘以两位数，而且两个乘数的十位都是 1 的乘法题，使用"送礼算法"，
能够快速心算出结果。

另外，对两位数乘以两位数来说，只要两个乘数十位上的数字相同，
比如 63 × 62，都可以使用"送礼算法"快速算出结果。下面我们就实
际操作一下，用"送礼算法"计算 63 × 62。

例2 用"送礼算法"心算 63 × 62。

（1）在 63 × 62 中，把 62 个位上的 2 作为"礼物"送给左边的
63。这样一来，63 × 62 就变成了 65 × 60。

把 2 作为"礼物"送给 63

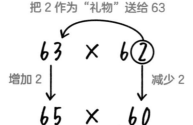

63 × 6②

增加 2 ↓   减少 2 ↓

65 × 60

（2）对于 65 × 60，需要使用乘法分配律进行计算，计算过程如

下所示：

$$65 \times 60 = (60 + 5) \times 60$$
$$= 60 \times 60 + 5 \times 60$$
$$= 3600 + 300$$
$$= 3900$$

（3）然后，将63个位上的3和作为"礼物"的2相乘，乘积为6，再加上3900，得到最终结果3906。

于是，$65 \times 60 = 3906$。

不过，"送礼算法"背后的原理，要给低年级小学生讲明白的话，恐怕没那么容易。如果使用初中三年级才会学到的乘法公式的知识，可以进行如下证明。初三以上的学生，可以学习一下这个证明过程。

【"送礼算法"的证明（适合初三以上学生）】

"十位上的数字相同的两个两位数相乘，可以使用'送礼算法'进行计算"，下面我们就来证明这个命题成立。

设 a、b、c 都是整数一位数，有两个两位数，十位上的数字相同，那么，这两个两位数可以分别表示为 $10a + b$ 和 $10a + c$。

于是，这两个数的乘积可以用 $(10a + b) \times (10a + c)$ 来表示。将这个式子展开，得到如下结果：

$$(10a + b) \times (10a + c) = 100a^2 + 10ab + 10ac + bc \quad \cdots\cdots ①$$

另一方面，我们再用"送礼算法"，计算这两个两位数的乘积。

在"送礼算法"中，首先需要把右边两位数的个位数字 c 当作"礼物"送给左边的两位数。于是，可以得到如下变形：

$$（10a + b）×（10a + c）→（10a + b + c）×10a$$
$$= 100a^2 + 10ab + 10ac$$

这个结果，还要加上"左边两位数的个位数字 b"和"礼物 c"的乘积 bc，才能得到最终结果。

$$100a^2 + 10ab + 10ac → 100a^2 + 10ab + 10ac + bc \quad ······②$$

由此可见，①和②是完全相同的，因此证明，"十位上的数字相同的两个两位数相乘，可以使用'送礼算法'进行计算"。

这样就证明完了，但是以小学生所掌握的知识，难以理解这个证明过程，所以也不必费心给小学生讲解证明过程，只教会他们"送礼算法"就可以了。等他们读初三时再学习证明过程也不晚。

在本小节的最后，我给大家出几道题，可以用"送礼算法"进行速算，您可以尝试一下。

（练习题） **请用心算计算下列题目。**

（1）12 × 18 =　　（2）19 × 13 =

（3）37 × 33 =　　（4）75 × 75 =

（答案）

（1）12 × 18

$= 20 \times 10 + 2 \times 8$

$= 200 + 16 = \underline{216}$

（2）19×13

$= 22 \times 10 + 9 \times 3$

$= 220 + 27 = \underline{247}$

（3）37×33

$= 40 \times 30 + 7 \times 3$

$= 1200 + 21 = \underline{1221}$

（4）75×75

$= 80 \times 70 + 5 \times 5$

$= 5600 + 25 = \underline{5625}$

数学原来可以这样学　小学篇

为什么 0×5 和 0÷5 都等于 0？

0 是一个很特殊的数字，0 乘以一个数、0 除以一个数，会发生什么？不少小学生想象不出来。

其实，对成年人来说，理解 0 的概念也没有想象的那么容易。所以，当孩子问起有关 0 的问题时，很多家长也是哑口无言，不知如何作答。

为什么 0×5 和 0÷5 都等于 0 呢？我们先从"0×5 = 0"讲起。

举个例子，假设 1 个橘子卖 20 元，我买了 5 个橘子，一共花多少钱？20 × 5 = 100（元）。

还有另一种橘子，1 个只卖 10 元，我买了 5 个，一共花多少钱？10 × 5 = 50（元）。

假设，橘子免费（1 个橘子 0 元），那买 5 个要花多少钱？每个橘子都是 0 元，那 5 个也是 0 元（免费）。用算式来表示的话，就是"0 × 5 = 0"。

在上面的例子中，我们求出 5 个免费橘子的总价钱为 0，实际上，改变橘子的个数，不管买多少个免费橘子，所花的钱数都是 0。于是，我们可以总结出：

> ● 0 乘以任何数，结果都是 0。例如 0 × 7 = 0。

再举个例子，1 支铅笔 50 元，我买了 0 支铅笔，用去多少钱？

"买了 0 支"意思就是"1 支也没买"，所以用去 0 元（没花钱）。

用算式表示的话，就是"50 × 0 = 0"。

在这个例子中，我们设 1 支铅笔的价格是 50 元，但如果改变铅笔的价格，不管 1 支铅笔多少钱，只要我买 0 支铅笔，那么用去的钱就是 0 元。于是，我们可以总结出：

> ● **任何数乘以 0，结果都是 0。** 例如 8 × 0 = 0。

利用 0 的这个性质，我们来做一道计算题：

例 **解下列计算题**

$5 × 3.14 ÷ 7.5 × 6 × 0 × 257 =$

一看到这道题，您就应该马上说出答案。为什么能马上说出答案？因为题中有一个"× 0"。根据"0 乘以任何数，结果都是 0"和"任何数乘以 0，结果都是 0"的性质，这道题的答案就是 0。

在给孩子讲乘数中有 0 的乘法时，用上述例题来讲，就可以帮助孩子对 0 的性质有一个形象的认识。

接下来，我们再来分析一下"0 ÷ 5 = 0"的理由。

举个例子，有 10 个橘子，如果平均分给 5 个人，每个人分得几个橘子？10 ÷ 5 = 2（个）。

接下来，有 5 个橘子，如果平均分给 5 个人，每个人分得几个橘子？5 ÷ 5 = 1（个）。

再来，有 0 个橘子，如果平均分给 5 个人，每个人分得几个橘子？

0 个橘子，就是"1 个橘子也没有"的意思。没有橘子，还要平均分给 5 个人，那每个人什么也分不到。所以，0 ÷ 5 = 0。

在这个例子中，是 5 个人平均分橘子，但如果把人数换一下，换成任何数字（只要不是 0），每个人分得的结果都是 0。也就是说，我们可以得到如下结论：

> • 0 除以任何数（0 除外），结果都是 0。例如 0 ÷ 10 = 0。

但是大家要注意一点，0 虽然可以做被除数，但绝不能做除数。关于其中的原理，我将在下一小节中详细介绍。

在各种各样的计算中，我们都会看到 0 的身影。要想教孩子精准把握 0 的概念，并不是一件容易的事情。但是，只要让孩子明白"0 × 5、0 ÷ 5 都等于 0"背后的原理，就可以逐渐引导孩子理解 0 的概念。

为什么 0 不能做除数?

拓 展

小学数学和初中数学，都在告诉孩子"任何数都不能被 0 除"。那么，到底为什么 0 不能做除数呢?

我举例给大家说明。

例如，如果有人问您: "5÷0 等于几呢?"您该怎么回答呢?

假设您回答"5÷0 = □"。我们都知道，除法的验算方法是，商乘以除数等于被除数。那么，就得到"□×0 = 5"。

但是，我们在前面的小节中已经见过，0 乘以任何数都等于 0。也就是说"□×0 = 5"中，不管□是什么数，也无法让等式成立。因此，"5÷0"无解。总结一下，如下所示:

$$5 \div 0 = \square$$

↓ **换成乘法**

$$0 \times \square = 5$$

□没有任何合适的数

↓

所以无解

实际上，用一般的电子计算器计算"5÷0"的话，会显示"E（错误）"。

如果用电脑 Windows 系统自带的计算器计算"5÷0"的话，会显示"除数不能为零"。

那么，您觉得"0÷0"等于几呢？还用前面的方法，把结果设为□，即"0÷0=□"。然后再变换成乘法，即"0×□=0"。

因为0乘以任何数都等于0，所以，在"0×□=0"中，□是任何数，这个等式都成立。所以，这道题的答案我们姑且认为是"任何数"。总结一下，如下所示：

$$0 \div 0 = \square$$

$$\downarrow \text{换成乘法}$$

$$0 \times \square = 0$$

□是任何数都可以

$$\downarrow$$

姑且认为答案是"任何数"

如果用一般的电子计算器计算"0÷0"的话，会显示"E（错误）"。但用电脑 Windows 系统自带的计算器计算"0÷0"的话，会显示"结果未定义"。

如果有小学生问您"5÷0"或"0÷0"等于几的话，您可以按照我的上述说明给孩子讲解，最后告诉孩子"0不能做除数"就可以了。

在小学的考试中，原则上不会出以0为除数的题，所以请放心。

大家都知道，iPhone 自带语音助手软件 Siri，如果我们问 Siri"0÷0"等于几，手机会显示"0÷0=未定"。同时，Siri 还会回答："假设你有0块饼干，分给0个朋友。请问每个朋友能分到几块饼干？瞧，这个题目没劲儿，既没有饼干，又没有朋友。"

Siri 说"0÷0""没劲儿"，而且，分给0个朋友，还说明你没朋友。这是个意味深长的回答。用 iPhone 的朋友，可以和孩子一起问问 Siri 这个问题。

Siri 给出的回答非常幽默。但是，如果在计算机中运算以0为除数的计算题，可能引发程序的 bug（程序缺陷），下面就给大家介绍一个非常出名的实例。

1997 年 9 月，美国海军巡洋舰"约克郡"号搭载的计算机运行了以 0 为除数的计算，结果舰上所有系统都死机了，导致该巡洋舰在整整两个半小时里都没法航行。可见，大家可别小看了 0，它甚至能让美国巡洋舰死机。

除法的笔算原理

例 92 ÷ 4 =

用竖式计算"92 ÷ 4 =",如下所示:

$$
\begin{array}{r}
2\,3 \\
4\,\overline{)\,9\,2} \\
8 \\
\hline
1\,2 \\
1\,2 \\
\hline
0 \\
\end{array}
$$

为什么像 92 ÷ 4 这样的除法可以用竖式进行计算呢? 我们来一探究竟。

92 ÷ 4,可以转换成平均分的问题,如"将 92 元平均分给 4 个人,每个人可以分得多少元"。92 元可以用 9 个 10 元硬币和 2 个 1 元硬币表示。

92 元

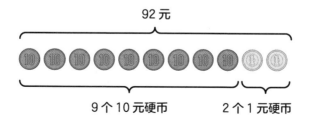

9 个 10 元硬币　　　　2 个 1 元硬币

将 92 元（9 个 10 元硬币和 2 个 1 元硬币）平均分给 4 个人。我们先把 9 个 10 元硬币平均分给 4 个人。"9 ÷ 4 = 2 余 1"，每个人分得 2 个 10 元硬币，但还剩 1 个 10 元硬币。这种情况用竖式计算，如下所示：

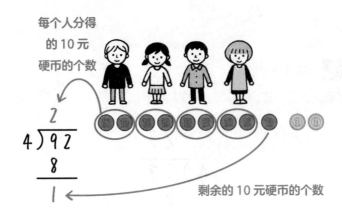

我们把剩余的 1 个 10 元硬币换成 1 元硬币，可以换 10 个 1 元硬币。加上原有的 2 个 1 元硬币，一共有 12 个 1 元硬币。在竖式中，把"92 个位上的 2"落下来，和前面余的 1（1 个 10 元硬币）加在一起，就组成了 12。用硬币表示的话，如下图所示：

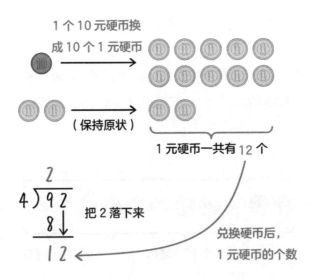

接下来,我们再把 12 个 1 元硬币平均分给那 4 个人。"12 ÷ 4 = 3",所以,每个人分得 3 个 1 元硬币。最终,每个人共分得 10 元硬币 2 个、1 元硬币 3 个,即 23 元。

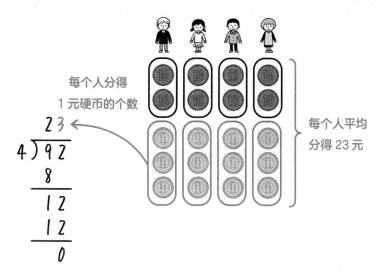

每个人分得
1 元硬币的个数

每个人平均
分得 23 元

根据以上的原理,我们可以用竖式计算出"92 ÷ 4 = 23"。使用硬币进行讲解,除法竖式计算的原理就简单多了。大家可以试着用硬币给孩子讲讲。

即使不了解除法竖式计算的原理,其实也并不影响孩子用竖式计算除法题。但是,了解原理可以帮助孩子对除法建立更深入的理解,也有助于培养孩子对数字的感觉。

在除法的笔算中，如何让试商一次性成功？

"用竖式计算除法的时候，试商（商，是指除法计算的结果）总是试不准"，这恐怕是很多小学生都会遇到的一个大障碍吧。那么，要想一次性试商成功，有什么技巧吗？下面，我们先来看一个失败案例。

例1 4592 ÷ 56 =

假设有 A、B 两个同学同时计算这道除法题。

先来看看 A 同学的解法。他从四舍五入取近似值的角度出发，先估算商的十位数。估算商的十位数，其实就是估算"459 ÷ 56"的商。

这里应该是几？
（实际就是估算 459 ÷ 56 的商）

$$56 \overline{)4592}$$

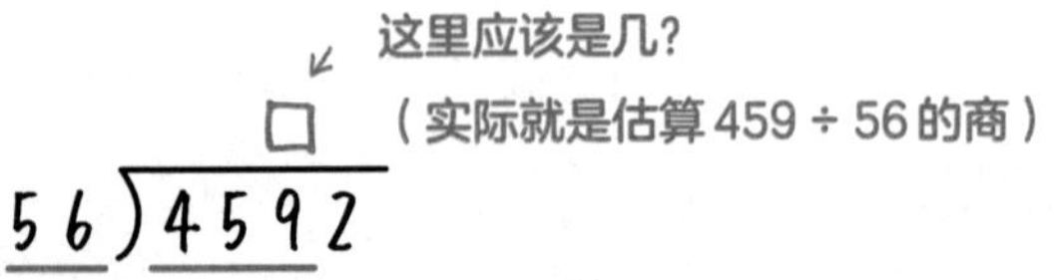

459 和 56 取近似值，分别是 460 和 60，在试商的时候，可以考虑"460 ÷ 60"的商。"460 ÷ 60 = 7 余 40"，所以，十位应该商 7。

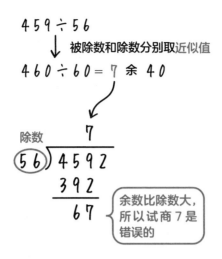

在试商 7 的情况下，459 减去 392 等于 67，67 比除数 56 还大，说明试商 7 是错误的。这时，需要试更大一点的商。

再来看看 B 同学的解法，他用去尾法，估算商的十位数。把 459 和 56 的个位数舍去，变成 "450 ÷ 50"。"450 ÷ 50 = 9"，所以 B 同学估算十位商 9。我们看看他估算得对不对。

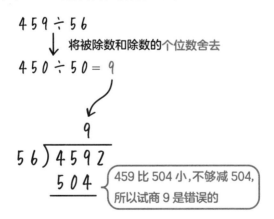

这种情况下，56 乘以 9 等于 504，比 459 还大，所以试商 9 是错误的。这时，就需要再试小于 9 的商。

不管是使用四舍五入取近似值的 A 同学，还是使用去尾法的 B 同学，都没能一次性试商成功（但是，使用这两种方法，有时也能一次性试商成功）。

第一次试商失败，就得再次试商，这就浪费了宝贵的做题时间。为了提高计算速度，必须做到一次性试商成功。那该怎么做呢？

从结论说的话，如果熟练掌握了"两位数乘以一位数的心算方法"，就可以实现一次性试商成功。

下面就详细讲一下其中的原因。以 $4592 \div 56$ 为例，要估算商的十位数，相当于估算 $459 \div 56$ 的商。"$459 \div 56 = \square$"，换成乘法的话应该是"$56 \times \square = 459$"。在"$56 \times \square = 459$"中，求的是乘积不超过 459 时的 $\square$ 的整数部分最大是多少。这时，如果熟练掌握两位数乘以一位数的心算方法，就可以马上算出 $56 \times 8 = 448$，448 不超过 459，而且 8 是最大的乘数。于是，$\square$ 的整数部分就应该是 8。换句话说，正确的试商结果应该是 8（顺便告诉大家 $4592 \div 56$ 的正确答案是 82）。

$$459 \div 56 = \square$$

↓ 变成乘法

$$56 \times \square = 459$$

8 是没超过 459 的最大乘数

正确的试商

$$
\begin{array}{r}
8 \\
56{\overline{\smash{\big)}\,4592}} \\
\underline{448} \\
11
\end{array}
$$

两位数乘以一位数的心算，在第 22 页介绍过，要使用乘法分配律，大家一定要让孩子反复练习，直到熟练掌握，因为它的用处非常大。56×8，可以按照下列步骤进行心算。

$$56 \times 8$$

$$= (50 + 6) \times 8$$

将 56 分解为 50 + 6

8 分别与 50 和 6 相乘

$$= 50 \times 8 + 6 \times 8$$

$$= 400 + 48 = 448$$

可见，掌握了两位数乘以一位数的心算方法之后，不仅可以快速心算乘法，还有助于多位数除法的试商。

但是，例子 4592 ÷ 56，除数是两位数，可以用两位数乘以一位数的心算进行试商。那么，如果除数是三位数，也能用两位数乘以一位数的心算进行试商吗？下面我们看一道例题。

例 2　19836 ÷ 348 =

用竖式计算这道除法题时，需要先估算"1983 ÷ 348"的商。如下所示：

应该是几呢？

□（估算 1983 ÷ 348 的商）

$$348 \overline{)\,19836}$$

在估算"1983 ÷ 348"的商时，如果把 348 四舍五入取近似值，就变成了"1983 ÷ 350"。要计算"1983 ÷ 350 = □"，还得转换成乘法，即"350 × □ = 1983"。通过"350 × □ = 1983"这个乘法算式，只要求出"乘以 350 的积不超过 1983 时，□ 的整数部分的最大数"就可以了。这个时候，就要拿出两位数乘以一位数的心算本领了。我们知道 35 × 5 = 175，便可以推导出 350 × 5 = 1750。这样，我们就找到了正确的商——5（顺便告诉大家 19836 ÷ 348 的正确结果是 57）。

$$1983 \div 348 = \square$$

$$348 \times \square = 1983$$

$$350 \times \square = 1983$$

$35 \times 5 = 175$，所以 $350 \times 5 = 1750$

5   试商成功

$$
\begin{array}{r}
5 \\
348{\overline{\smash{\big)}\,19836}} \\
\underline{1740} \\
243
\end{array}
$$

在这道题中，除数是三位数，我们先把 348 个位四舍五入，取近似值 350，这样就可以利用两位数（35）乘以一位数的乘法心算了。从而实现准确的试商。

348 是三位数，如果除数是四位数以上的数又该怎么办呢？其实道理是一样的，只要把左数第三位四舍五入，取前两位数的近似值，同样可以利用两位数乘以一位数的乘法心算进行试商。举例来说，如果除数是四位数 7891，我们可以先求近似值，即 7900，然后再进行试商。

不过有一点要提醒大家，除数是三位数以上的情况，用近似值进行试商的时候，偶尔也会出现第一次试商不准的情况。但是，也没有其他更加精准的试商方法，只能多试几次（除数是两位数的时候，一般来说试商都比较准确）。

以上就是用竖式做除法计算时试商的方法。如果试商的准确率较低，就要反复多次试商，这样会耽误时间。为了尽量减少计算时间，提高试商的精确度，大家应该教孩子熟练掌握两位数乘以一位数的心算方法。

解决小数计算中的

" ? "

小数加减法的笔算，为什么要对齐小数点？

小数乘法（笔算）的方法

小数的乘法和除法，小数点移动的方法有什么不同？

有余数的"小数 ÷ 小数"，笔算该怎么做？

2 ÷ 0.4 = 5，为什么商比被除数还要大？

小数加减法的笔算，为什么要对齐小数点？

三年级

用竖式计算小数加减法的时候，首先要对齐小数点。我们先看一道例题。

例1 **请用竖式计算下列小数加法题。**

3.52 + 2.1 =

例 1 是一道小数加法题，用竖式计算的时候，首先要对齐两个加数的小数点。

对齐小数点

$$
\begin{array}{r}
3.52 \\
+\ 2.10 \\
\hline
5.62
\end{array}
$$

添1个0

下面介绍一下用竖式计算小数加减法的流程。先给 2.1 的末尾添 1 个 0，变成 2.10（大小不变），然后和计算整数加法"352 + 210"的流程一样，得出结果 562。因为两个加数的小数点是对齐的，所以直接落下来加在结果上就可以了，得到最终答案 5.62。

在例 1 中，为了对齐两个加数的小数点，在 2.1 的末尾添加 1 个 0，变成 2.10 是关键的一步。

3.52 是由"3 个 1、5 个 0.1 和 2 个 0.01"组成的。另一方面，2.1

数学原来可以这样学 小学篇

是由"2个1和1个0.1"组成的。在用竖式计算3.52加2.1的时候，先把小数点对齐，才能让相同位数的数字相加。

下面我们用图来说明。

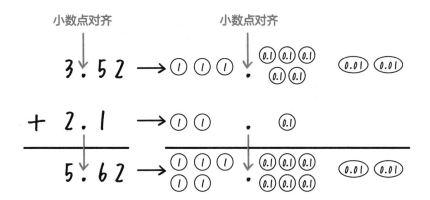

小数减法的竖式计算也和加法一样，需要先对齐小数点。关于小数加减法的竖式计算，我们再看两个例子。

例2 请用竖式计算下列小数加减法题。

（1）3.89 + 2.61 =　（2）5.8 - 1.72 =

我们先做加法题（1），先对齐小数点，再做计算，如下所示：

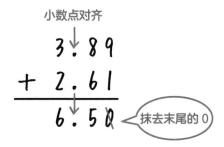

我解释一下计算流程。首先，对齐小数点；其次，像整数加法一样计算，"389 + 261"得出结果650；最后，把小数点直接落下来，得到6.50，抹去末尾的0，最终结果是6.5。

在题（1）中，关键点是：第一，对齐小数点；第二，抹去结果末尾的0。

再看题（2），竖式计算过程如下：

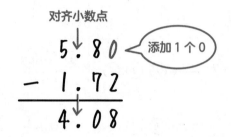

我来解说一下计算流程。首先，对齐小数点；其次，在5.8的末尾添加1个0，变成5.80；再次，像整数减法一样计算，"580－172"得出结果408；最后，把小数点直接落下来，就得到最终结果4.08。

在题（2）中，关键点是：第一，对齐小数点；第二，给5.8的末尾添加1个0，当作5.80来计算。

用竖式计算小数加减法，第一要点就是"小数点对齐"。以后我们还要学习小数乘法的竖式计算，小数乘法就不需要对齐小数点了，所以要注意区分。

小数乘法（笔算）的方法

为什么小数乘法可以用竖式计算呢？在这一小节中，我就为大家介绍用竖式计算小数乘法的原理。

我们先来看"小数×整数"的竖式算法。请看下面的例题。

例1 2.3×6＝

解这道题的时候，先把两个乘数当作整数计算 23×6，得到 138，然后再把小数点落下来，就得到最终结果 13.8。

$$\begin{array}{r} 2.3 \\ \times \quad 6 \\ \hline 13.8 \end{array}$$

为什么用竖式可以计算出小数乘以整数"2.3×6"的结果呢？下面我们就来探寻一下其中的原理。

用竖式计算 2.3×6 的时候，先把小数当作整数，计算 23×6。换句话说，就是把"小数 2.3"扩大 10 倍，变成"整数 23"。那扩大 10 倍意味着什么呢？就是乘以 10，也就是把小数的小数点向右移动一位。

$$\begin{array}{r} 2.3 \quad \text{扩大10倍} \\ \times \quad 6 \\ \hline \end{array}$$

用竖式计算整数乘法我们已经学过，$23 \times 6 = 138$，但 138 并不是 2.3×6 的最终结果。因为我们事先把 2.3 扩大了 10 倍，所以结果也相应地扩大了 10 倍。所以，要用 138 除以 10，才是 2.3×6 的正确结果。一个数除以 10，小数点就要向左移一位。

$$
\begin{array}{r}
2.3 \\
\times \quad 6 \\
\hline
13.8.
\end{array}
$$

除以 10

向左移动小数点之后，得到最终结果 13.8。2.3 的小数点先向右移动了一位，所以 138 的小数点就要向左移动一位，得到 13.8。因为小数点先后向左向右移动了相同的位数，所以在"小数×整数"的竖式计算中，小数点直接落下来就行了。

$$
\begin{array}{r}
2.3 \\
\times \quad 6 \\
\hline
13.8
\end{array}
$$

顺便介绍一下，像 2.3×6 这样的计算题，也可以用第二章介绍的乘法分配律（P22）进行心算。首先，不管小数点，把 2.3×6 看作 23×6 来计算，用乘法分配律心算的话，过程如下所示：

$$
\begin{aligned}
23 \times 6 &= (20 + 3) \times 6 \\
&= 20 \times 6 + 3 \times 6 \\
&= 120 + 18 = 138
\end{aligned}
$$

使用乘法分配律求得 $23 \times 6 = 138$。把 138 的小数点再向左移动一位，就得到 2.3×6 的最终答案 13.8。

数学原来可以这样学　小学篇

"小数×整数"的竖式计算方法我们就讲完了。下面我们再来学习"小数×小数"的竖式计算方法。

例2 3.18 × 6.4 =

在计算这道小数乘以小数的题时，还是先把两个乘数看作整数来计算，即先算 318 × 64。

$$
\begin{array}{r}
3.18 \\
\times\ \ \ 6.4 \\
\hline
1272 \\
1908\ \ \ \\
\hline
20352 \\
\end{array}
$$

（到这一步）
和整数乘法的步骤相同

3.18 的小数点后有 2 位，6.4 的小数点后有 1 位，2 + 1 = 3。所以，20352 的小数点要向左移动 3 位，才能得出 3.18 × 6.4 的最终结果 20.352。

$$
\begin{array}{r}
3.1\boxed{8} \rightarrow 2\text{位} \\
\times\ \ \ 6.\boxed{4} \rightarrow 1\text{位} \\
\hline
1272 \\
1908\ \ \ \\
\hline
20.\boxed{352} \leftarrow 3\text{位}
\end{array}
$$

相加

那么，"3.18 × 6.4 = 20.352"是怎么用竖式计算出来的呢？我们来探讨一下其中的原理。

在用竖式解 3.18 × 6.4 的时候，先把乘数看作整数进行计算，即 318 × 64。也就是说，把"小数 3.18"扩大 100 倍，变成"整数 318"，把"小数 6.4"扩大 10 倍，变成"整数 64"，然后再进行乘法计算。扩大 100 倍，小数点要向右移动 2 位，扩大 10 倍，小数点要向右移动 1 位。先扩大 100 倍，再扩大 10 倍，实际上扩大了（100 × 10 = ）1000 倍。

$$
\begin{array}{r}
3.18 \;\rightarrow 100\ \text{倍} \\
\times\quad 6.4 \;\rightarrow 10\ \text{倍} \\
\hline
1272 \\
1908 \\
\hline
20352
\end{array}
$$

100 × 10 = 1000 倍

← 1000 倍

整数乘以整数我们已经学过，求得 318 × 64 = 20352。但是，这个是乘数总体扩大 1000 倍之后的结果。要得到原题的答案，需要把这个结果除以 1000，即 20352 ÷ 1000，也就是把小数点向左移动 3 位。

$$
\begin{array}{r}
3.18 \\
\times\quad 6.4 \\
\hline
1272 \\
1908 \\
\hline
20.352.
\end{array}
$$

小数点向左移动 3 位
等于除以 1000

最终我们求出 3.18 × 6.4 = 20.352。因为先把 3.18 的小数点向右移动了 2 位，6.4 的小数点向右移动了 1 位，所以，20352 的小数点要向左移动（2 + 1 = ）3 位，从而得到 20.352。这就是用竖式计算"小数×小数"的原理。

用竖式计算小数乘法，关键点就是"确定小数点的位置"。掌握准确定位小数点的本领，孩子的小数乘法一定会变得很强。

小数的乘法和除法，小数点移动的方法有什么不同？

四年级

小数的乘法和除法，关键点就是确定小数点的位置，换句话说就是掌握小数点的移动方法。那么，小数的乘法和除法，小数点移动的方法有什么不同呢？我们先来看看小数乘法的情况。

例 1 7200 × 0.08 =

看到这样一道题，有不少小学生不假思索地就开始用这两个数列竖式。但是，直接列竖式计算的话，这道题稍微有点麻烦，移动小数点还容易出错。如果使用"小数点舞蹈"（我自创的新词）的方法，就可以让这道题变得很简单。那么，"小数点舞蹈"到底是怎样一种方法呢？

在小数乘法中，小数点如何"跳舞"呢？

【在小数乘法中，小数点这样"跳舞"】

在小数乘法中，不同乘数的小数点分别同时向左右相反的方向移动相同的位数，乘积不变。

这到底是怎么一回事呢？且听我细细道来。在 7200 × 0.08 这道题中，我想先把 0.08 变成整数，那么 0.08 的小数点就要向右移动 2 位，变成整数 8。我把小数点移动的过程比喻成跳舞。

$$7200 \times 0.08.$$

小数点向右移动 2 位（"跳舞"）

但是，这样移动一个乘数的小数点，不就改变原题了吗？计算出来的结果也不是原来那道题的结果啊！没错！所以，我还要让 7200 的小数点也跳一次舞。在乘法中，不同乘数的小数点分别同时向左右相反的方向移动相同的位数，乘积不变，所以，我可以让 7200 的小数点向左移动 2 位，变成 72。于是，7200 × 0.08 可以变形成 72 × 8，这两个算式的乘积是相同的。

$$72.00. \times 0.08. = 72 \times 8$$

两个乘数的小数点分别向左右
移动 2 位

0.08 的小数点向右移动了 2 位，相当于扩大了 100 倍，即"× 100"；而另一方面，7200 的小数点向左移动了 2 位，相当于变为原来的 $\frac{1}{100}$，即"÷ 100"。先"× 100"，再"÷ 100"，结果是不变的。

再回到前面那道题上，7200 × 0.08 可以变形成 72 × 8。72 × 8 可以用乘法分配律进行心算，过程如下：

$$72 \times 8 = (70 + 2) \times 8$$
$$= 70 \times 8 + 2 \times 8$$
$$= 560 + 16 = 576$$

于是，我们求出 7200 × 0.08 = 72 × 8 = 576。

掌握了"小数点舞蹈"的方法之后，后面当我们学习"比例"的时候，您就会发现计算百分数问题要轻松很多。举例来说，一道比例问题"7200 元的 8% 是多少"。解这道题列的算式应该是 7200 × 8% = 7200 × 0.08。这个时候，如果您知道"小数点舞蹈"的方法，那就简单多了。在列出算式后可以直接进行如下转化：

$$7200 × 0.08 = 72 × 8$$

接下来，我们要学习小数除法了。那么，在小数除法中，小数点该如何"跳舞"呢？

【在小数除法中，小数点这样"跳舞"】

在小数除法中，除数和被除数的小数点同时向相同的方向移动相同的位数，商不变。

具体是怎么回事，我们先看一道例题。

例 2 **35 ÷ 0.07 =**

首先，我们把 35 ÷ 0.07 中的 0.07 转换为整数。将 0.07 的小数点向右移动 2 位，变成整数 7。小数点"跳舞"的方式如下所示：

$$35 ÷ 0.07$$

小数点向右移动
2 位（"跳舞"）

在 35 ÷ 0.07 这道题中，如果只移动 0.07 的小数点，那计算出来的结果肯定不是原题的结果。所以，我们还得移动 35 的小数点。因为在除法中，除数和被除数的小数点同时向相同的方向移动相同的位数，商不变，所以，35 的小数点也应该向右移动 2 位。35 的小数点向右移动 2 位，35 后面没有数字了，所以要补 0，向右移动 2 位，就补 2 个 0，变成 3500。变形结果如下所示：

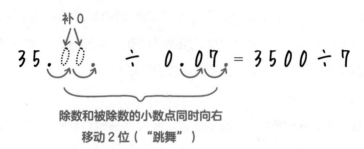

由此可见，35 ÷ 0.07 可以变形为 3500 ÷ 7，而 3500 ÷ 7 = 500，所以，35 ÷ 0.07 = 3500 ÷ 7 = 500。

除法有一个性质，就是"除数和被除数同时扩大或缩小相同的倍数，商不变"。除法中的"小数点舞蹈"就利用了这个性质。在前面的例题中，0.07 和 35 的小数点同时向右移动了 2 位。小数点向右移动 2 位，就相当于"扩大了 100 倍"。被除数 35 和除数 0.07 同时扩大了 100 倍，结果是不变的。

如果熟练掌握了除法中的"小数点舞蹈"，那么日后在计算"比例"问题的时候，您也会觉得很轻松。举个例子，"一所学校学生总数的 7% 是 35 人，请问这所学校一共有多少学生？"要解这道题，我们列的算式应该是 35 ÷ 7%，即 35 ÷ 0.07。很显然，做这道小数除法题，要利用"小数点舞蹈"方法的话，十分简单。

另外，除法的"小数点舞蹈"，还可以用来简算下面这样的除法题。

例 3　4800000 ÷ 30000 =

在这道题中，被除数 4800000 和除数 30000 的小数点，可以同时向左移动 4 位，算式就可以变形为：

$$480\underset{\smile\smile\smile\smile}{.0000.} ÷ 3\underset{\smile\smile\smile\smile}{.0000.} = 480 ÷ 3$$

480 ÷ 3 = 160。原题的结果就是 160。

前面，我们学习了乘法和除法中小数点移动的方法。在乘法中，各个乘数的小数点同时向相反的方向移动相同的位数，乘积不变；在除法中，除数和被除数的小数点同时向相同的方向移动相同的位数，商不变。深刻理解了乘法和除法小数点移动的原理，熟练掌握移动的方法，做计算题就会轻松很多。

有余数的"小数 ÷ 小数"，笔算该怎么做？

五年级

当遇到有余数的"小数 ÷ 小数"计算题，又被要求用竖式计算的时候，很多小学生十分头疼。在讲解有余数的小数除法之前，我先给大家讲解没有余数的小数除法用竖式怎么计算。请看例题：

例1　**21.75 ÷ 2.9 =**

像例 1 这种除数是小数的除法题，用竖式计算的时候，先移动除数的小数点，把它变成整数。除数 2.9 的小数点向右移动 1 位，变成整数 29。根据我们上一节学的知识，除数的小数点向右移动了 1 位，被除数的小数点也应该向右移动 1 位，最后结果才能保持不变。那么，21.75 的小数点向右移动 1 位，就变成了 217.5。

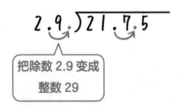

把除数 2.9 变成整数 29

在这道题中，2.9、21.75 的小数点都向右移动了 1 位，按照我们前一小节学习的"小数点舞蹈"的性质，"在除法中，除数和被除数的小数点同时向相同的方向移动相同的位数，结果不变"。

移动小数点之后，我们就可以把这道题当作除数是整数的除法来计算了。最后，把 217.5 的小数点直接移上去，就得到了最终结果 7.5。

$$
\begin{array}{r}
7.5 \\
2.9\overline{)21.7\,5} \\
20\ 3 \\
\hline
1\ 4\ 5 \\
1\ 4\ 5 \\
\hline
0
\end{array}
$$

接下来我们就要进入本小节的正题了，有余数的"小数÷小数"的计算，还是先来看例题。

例2 有 28.7 升水，把这些水分别注入容量为 1.5 升的烧杯中，每一个烧杯都注满。请问最多可以注满多少个烧杯？如果有剩余的水，还剩多少升？

为解这道题，我们可以列出算式"28.7÷1.5"。

像这道题，除数是小数，而且还要求余数，最后给商确定小数点就稍微有点麻烦，很多学生容易做错。我们先把除数 1.5 和被除数 28.7 的小数点同时向右移动 1 位，然后按照整数除法进行计算。过程如下所示：

$$
\begin{array}{r}
1\ 9 \\
1.5\overline{)28.7} \\
1\ 5 \\
\hline
1\ 3\ 7 \\
1\ 3\ 5 \\
\hline
2
\end{array}
$$

下面，就进入了学生容易出错的环节。我们之前把被除数 28.7 的小数点向右移动了 1 位，变成 287，很多学生就直接把 287 的小数点落下来，把余数看成了2。

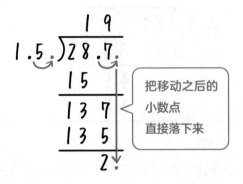

把移动之后的
小数点
直接落下来

如果这样的话，结果就是"商19余2"，答的时候就会变成"最多可以注满19个烧杯，还剩2升水"。但这就大错特错了。如果还剩2升水的话，那还可以注满一个1.5升的烧杯呀，这明显是错误的。

正确的做法应该是把移动小数点之前的被除数28.7的小数点，落到余数上。余数应该是0.2。

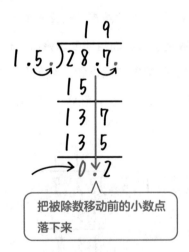

把被除数移动前的小数点
落下来

所以，正确答案应该是"最多可以注满19个烧杯，还剩0.2升水"。

也就是说，在小数÷小数的除法中，如果有余数，应该把被除数移动之前的小数点，落到余数上。小数除法中，商和余数的小数点确定方法是有区别的，现在总结如下：

【 小数除法中，商和余数的小数点确定方法是有区别的 】

商　　把被除数移动后的小数点，直接移上去

余数　把被除数移动前的小数点，直接落下来

小数除法中，商和余数的小数点确定方法是非常重要的知识点，也是非常容易出错的地方，大家一定要教孩子弄清楚。

那么，为什么余数的小数点是把被除数移动前的小数点落下来呢？我们来研究一下其中的原理。

用竖式计算"28.7 ÷ 1.5"的时候，先把除数和被除数的小数点同时向右移动 1 位，变成"287 ÷ 15"，这和把"28.7 升 ÷1.5 升"变成"287 分升 ÷15 分升"的结果是一样的。原理都是除数和被除数缩小或扩大相同的倍数，结果一样。

1 升 =10 分升，所以，28.7 升 =287 分升，1.5 升 =15 分升。

$$1.5\overline{)28.7}$$

$$\Downarrow$$

$$\underline{28.7 \div 1.5}\quad 换成\quad \underline{287 \div 15}$$

$$\Downarrow$$

$$\underline{28.7 升 \div 1.5 升}\quad 换成\quad \underline{287 分升 \div 15 分升}$$

用竖式计算"287 分升 ÷15 分升"的话，得到的结果是"商 19 余 2"。其意义是"最多可以注满 19 杯，还余 2 分升"。但是，前面那道例题中求的是"还剩多少升水"，所以我们要变换单位，2 分升 =0.2 升。于是，最终的正确答案应该是"最多可以注满 19 杯，还剩 0.2 升水"。

现在我来总结一下计算流程。首先，把"28.7 升 ÷1.5 升"变换单位为"287 分升 ÷15 分升"，得到"最多可以注满 19 杯，还剩 2 分升水"。

但最后需要把余数的单位变换成"升"，所以，最终的正确答案应该是"最多可以注满 19 杯，还剩 0.2 升水"。

这就是"小数除法中，余数的小数点是把被除数移动前的小数点落下来"的原因。

在小数除法中，商和余数的小数点确定方法是不同的，有些学生会死记硬背老师教的方法，但不明白其中的原理。死记硬背对学习数学来说，绝对不是长久之计，这样的学生日后一定会遇到因为不理解而出错的情况。所以，我还是建议大家把原理教给孩子，让他们在理解的基础之上掌握正确的方法。

数学原来可以这样学 小学篇

2÷0.4=5，为什么商比被除数还要大？

"2÷0.4 = 5"，在这道题中，商比被除数还大，是不是觉得有点奇怪？其实，在除法中，如果除数比 1 小，那么最后的商肯定比被除数还大。

为什么会出现这样的情况呢？我们先来看一道题："有一根 2 米长的绳子，要把这根绳子分成 0.4 米的小段，可以分多少段？"

把 2 米长的绳子，分成 0.4 米的小段，可以分多少段？如下图所示：

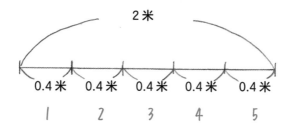

从图中我们可以看出，答案是 5 段。做了这道题，"2÷0.4 = 5"就容易理解多了。

实际上，除法有两种含义。我将以"6÷2"为例为您讲解。

【6÷2 的两种含义】

（1）把 6 平均分成 2 份，每一份是几？

（2）6 中有几个 2？

（1）的关键含义是"平均分"，也叫"等分除"；（2）的关键含义是"包含除"。

"明明是除法，怎么商比被除数还大？"对此感到奇怪的学生，大多只理解了除法的第一个含义。除法除了含义（1）"等分除"外，还有含义（2）"包含除"（例如6中有几个2）。如果孩子能够理解除法的第二个含义，他就不会对"商比被除数大"感到奇怪了。

"2÷0.4"这个算式的含义是"2中包含多少个0.4"。结合分绳子那道应用题，"包含除"的含义就更容易理解了。建议大家尽早帮助孩子理解"除法的两个含义"。

第 **4** 章

解决约数与倍数中的

"？"

如何防止漏掉约数？

如何迅速找到（最大）公约数？

如何迅速找到（最小）公倍数？

如何区分最大公约数和最小公倍数？

1 为什么不是质数？

如何防止漏掉约数？

如果整数 *a* 能被整数 *b* 整除，那么我们就说 *b* 是 *a* 的约数。为了理解约数的概念，下面我们先来看一道例题。

例 1 **请列出 18 的全部约数。**

18 的约数，是指"能够整除 18 的所有整数"。我们把所有能够整除 18 的整数都列出来看看。

$$18 \div 1 = 18 \quad 18 \div 2 = 9 \quad 18 \div 3 = 6$$
$$18 \div 6 = 3 \quad 18 \div 9 = 2 \quad 18 \div 18 = 1$$

可见，18 可以被 1、2、3、6、9、18 整除。所以，18 的约数有 1、2、3、6、9、18。

以上是正确答案。但有一个同学的答案是：

18 的约数有 1、2、3、9、18 ← 错误！

这个学生没有注意到 6 也可以整除 18，所以他的答案中遗漏了 6。遗漏约数，是小学生经常犯的错误。那么，该如何防止这种情况的发生呢？

为了防止遗漏约数的情况发生，我给大家推荐一种"栅栏网格法"。还用前面那道例题，我们来看"栅栏网格法"该怎么使用。

【使用"栅栏网格法"寻找约数】

例2　**请列出 18 的全部约数。**

（1）如下图所示，先画一个栅栏网格，样子有点像动物园里的栅栏。栅栏网格的数量越多越好，10 个格、12 个格都可以，针对这道题，我先画 8 个格的栅栏。

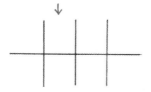

8 个格的栅栏（再多点也可以）

（2）接下来，把相乘等于 18 的两个整数写入栅栏上下相对的网格中。例如，1 × 18 = 18，那就把 1 和 18 写入网格中。

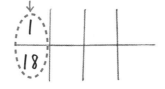

把相乘等于 18 的两个整数
写入上下相对的网格中

（3）重复前一步的操作，把其他所有相乘等于 18 的整数写入网格中。

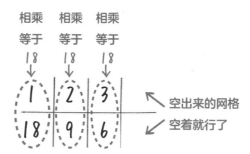

网格中所写的数字，就是 18 的约数。所以，18 的约数有 1、2、3、6、9、18。

使用"栅栏网格法"，在上下相对的网格中写入一对约数，可以最大限度地减少遗漏约数。学校一般不会教这种方法，所以请爸爸妈妈们把这种方法教给孩子。

如何迅速找到（最大）公约数？

两个以上的整数，可能存在共同的约数，这个约数就被称为这几个整数的**公约数**。另外，公约数中，最大的那个叫作**最大公约数**。通过下面的例题，我们来详细了解一下公约数和最大公约数。

例1 请列出 30 和 45 的全部公约数。另外，请找出 30 和 45 的最大公约数。

对于这个问题，学校里老师是这样教孩子的：

【学校的解法】

（1）分别写出 30 和 45 的全部约数。

　　　30 的全部约数→1、2、3、5、6、10、15、30

　　　45 的全部约数→1、3、5、9、15、45

（2）在 30 和 45 的全部约数中，寻找共同的约数，即公约数。公约数中最大的那个，就是最大公约数。

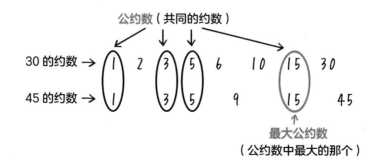

至此，我们找到 30 和 45 的公约数有 1、3、5、15。另外，30 和 45 的最大公约数是 15。

学校教的这种方法，需要先把 30 和 45 各自的所有约数都写出来，这就比较耗时间了。另外，在寻找共同的约数（公约数）时，还可能出现遗漏的情况。

那么，有没有办法可以既快速又准确地找出公约数和最大公约数呢？

有！解决这个问题的方法叫作"短除法"。"短除法"到底是怎样一种方法？我们还用前面的例题进行讲解。

例 2　请列出 30 和 45 的全部公约数。另外，请找出 30 和 45 的最大公约数。

【使用"短除法"求最大公约数（求 2 个整数的最大公约数）】

（1）如下所示，画一个短除符号（把除法竖式计算的符号反过来），把 30 和 45 写入其中。

$$\big)\ 30\quad 45$$

（2）寻找能够同时整除 30 和 45 的整数。30 和 45 都能被 3 整除，所以就把 3 写在短除号的左边。再把 30 和 45 除以 3 的商 10 和 15 分别写在短除号下面。

$$3\ \big)\ \begin{array}{cc} 30 & 45 \\ \hline 10 & 15 \end{array}$$

（3）再寻找能够同时整除 10 和 15 的整数。

10 和 15 都能被 5 整除，所以就把 5 写在下一级短除号的左边。然后把 10 和 15 除以 5 的商 2 和 3 分别写在短除号下面。

$$
\begin{array}{r|rr}
3 & 30 & 45 \\
\hline
5 & 10 & 15 \\
\hline
 & 2 & 3
\end{array}
$$

（4）再寻找能够同时整除 2 和 3 的整数。结果发现，能够同时整除 2 和 3 的整数只有 1，所以到此打住。

$$
\begin{array}{r|rr}
 & 30 & 45 \\
\hline
5 & 10 & 15 \\
\hline
 & 2 & 3
\end{array}
$$

← 2 和 3 只能同时被 1 整除，所以短除到此为止

（5）接下来，把短除号左边的全部数字相乘，结果就是 30 和 45 的最大公约数。3 × 5 = 15，所以，30 和 45 的最大公约数就是 15。

$$
\begin{array}{r|rr}
3 & 30 & 45 \\
\hline
5 & 10 & 15 \\
\hline
 & 2 & 3
\end{array}
$$

相乘↓

$3 \times 5 = 15$

15 就是 30 和 45 的最大公约数

从上面的流程我们可以看出，用"短除法"求出 30 和 45 的最大公约数为 15。但是，题目中不仅要求求出 30 和 45 的最大公约数，还要求列出 30 和 45 的全部公约数。在求 30 和 45 的全部公约数时，要用到下面这个性质。

【公约数与最大公约数的关系】

公约数是最大公约数的约数

我来解释一下这个性质。使用"短除法"，我们求得 30 和 45 的最大公约数是 15。这个"最大公约数 15 的约数"就是"30 和 45 的公约数"。

要求 15 的约数，我们用栅栏网格法求，方法如下：

$$
\begin{array}{c|c}
1 & 3 \\
\hline
15 & 5
\end{array}
$$

因此，15 的约数有"1、3、5、15"，同时，它们也是 30 和 45 的公约数。

是不是有点麻烦？没关系，我把求 30 和 45 的最大公约数和全部公约数的流程精简如下：

使用"短除法"，求得 30 和 45 的最大公约数是 15。

↓

使用"栅栏网格法"，求得 15 的约数有 1、3、5、15。

↓

1、3、5、15 就是 30 和 45 的全部公约数。

熟练掌握这一套方法之后，孩子就可以既快速又准确地求两个整数的最大公约数和全部公约数了。

另外，3 个（或以上）整数的最大公约数，也可以用短除法来求。请看下面的例题：

例3 请列出 18、27 和 45 的全部公约数，并求出 18、27 和 45 的最大公约数。

【使用"短除法"求最大公约数（求 3 个整数的最大公约数）】

首先，和解前面那道题一样，先用"短除法"求 18、27 和 45 的最大公约数。

$$
\begin{array}{r|ccc}
3 & 18 & 27 & 45 \\
3 & 6 & 9 & 15 \\
\hline
 & 2 & 3 & 5
\end{array}
$$

相乘 ↓

$$3 \times 3 = 9$$

18、27 和 45 的最大
公约数是 9

$3 \times 3 = 9$，所以 18、27 和 45 的<u>最大公约数是 9</u>。又因为公约数是"最大公约数的约数"，所以，用"栅栏网格法"求 9 的全部约数。

因为 3 × 3 = 9，
所以这里只写 1 个 3 就可以了
↓

$$
\begin{array}{c|c}
1 & 3 \\
\hline
9 &
\end{array}
$$

至此，求得 18、27 和 45 的<u>全部公约数有 1、3、9</u>。

以上就是使用"短除法"和"栅栏网格法"求最大公约数和全部约数的方法，和一开始介绍的"学校的方法"相比，我的方法不但节约时间，还不容易出错。

孩子熟练掌握"短除法"和"栅栏网格法"之后，就可以又快又准地求多个整数的最大公约数和全部公约数了。在日本，很多小升初补习机构，都会教孩子这种方法，实用性非常强。所以，爸爸妈妈们一定要带孩子反复练习"短除法"和"栅栏网格法"，直到孩子熟练掌握为止。

如何迅速找到（最小）公倍数？

一个整数是另一个整数的整数倍（1倍、2倍、3倍……），那么前一个整数就叫作后一个整数的倍数。例如，6的倍数有6、12、18、24、30……

两个以上的整数共同的倍数，就叫作这几个整数的公倍数。另外，公倍数当中，最小的那个叫作这几个整数的最小公倍数。关于公倍数和最小公倍数，我们先来看一道例题。

例1 按从小到大的顺序，列出12和18的3个公倍数。另外，找出12和18的最小公倍数。

对于这样的问题，学校里老师一般是这样教的：

【学校的解法】

（1）分别列出12和18的倍数。

12的倍数→ 12、24、36、48、60、72、84、96、108……
18的倍数→ 18、36、54、72、90、108……

（2）在12的倍数和18的倍数中寻找共同的倍数，即公倍数。公倍数中最小的那个就是最小公倍数。

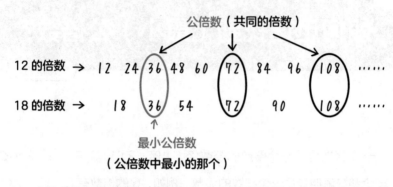

公倍数（共同的倍数）

12 的倍数 → 12 24 36 48 60 72 84 96 108 ……

18 的倍数 → 18 36 54 72 90 108 ……

最小公倍数

（公倍数中最小的那个）

由此我们可以求出，12 和 18 的公倍数按照由小到大的顺序排列的 3 个分别是 36、72、108。12 和 18 的最小公倍数是 36。

在这种方法中，需要分别列出 12 和 18 的一部分倍数，比较耗时。另外，在寻找共同的倍数（公倍数）时，如果书写错位的话，可能会漏掉某个公倍数。

那么，有什么办法可以既快速又准确地找出几个整数的公倍数和最小公倍数？

其实，要解决这个问题，还得用到"短除法"。不过，求最小公倍数用的"短除法"和求最大公约数用的"短除法"，过程上有一定的差异，请一定要高度重视。我还以前一道题为例进行讲解。

例 2 **按从小到大的顺序，列出 12 和 18 的 3 个公倍数。另外，找出 12 和 18 的最小公倍数。**

【使用"短除法"求最小公倍数（求 2 个整数的最小公倍数）】

（1）如下所示，画一个短除符号（把除法竖式计算的符号反过来），把 12 和 18 写入其中。

$$\overline{)\ 12 \quad 18}$$

（2）寻找能够同时整除 12 和 18 的整数。12 和 18 都能被 2 整除，所以把 2 写在短除号左边。然后分别把 12 和 18 除以 2 的商 6 和 9 写在短除号下方。

$$2\ \overline{)\ 12 \quad 18}$$
$$\quad\ \ 6 \quad\ 9$$

（3）寻找能够同时整除 6 和 9 的整数。6 和 9 都能被 3 整除，所以把 3 写在短除号的左边。然后分别把 6 和 9 除以 3 的商 2 和 3 写在短除号下方。

$$2\ \overline{)\ 12 \quad 18}$$
$$3\ \overline{)\ \ 6 \quad\ \ 9}$$
$$\quad\ \ 2 \quad\ 3$$

（4）寻找能够同时整除 2 和 3 的整数。2 和 3 只能同时被 1 整除，所以到此为止。

$$2\ \overline{)\ 12 \quad 18}$$
$$3\ \overline{)\ \ 6 \quad\ \ 9}$$
$$\quad\ \ 2 \quad\ 3$$

← 2 和 3 只能同时被 1 整除，所以到此为止

（5）把短除号左边和下边呈 L 形的所有数字相乘，乘积就是 12 和 18 的最小公倍数。2×3×2×3 = 36，所以，12 和 18 的最小公倍数是 36。

$$2 \left) \begin{array}{cc} 12 & 18 \end{array} \right.$$
$$3 \left) \begin{array}{cc} 6 & 9 \end{array} \right.$$
$$\begin{array}{cc} 2 & 3 \end{array}$$

↓ L 形的所有数字相乘

$$2 \times 3 \times 2 \times 3 = 36$$

12 和 18 的最小公倍数

使用"短除法",我们求出 12 和 18 的最小公倍数是 36。使用"短除法"求几个整数的最大公约数时,只需把短除号左边的数字全部相乘即可。但是,使用"短除法"求几个整数的最小公倍数时,需要把短除号左边和下边呈 L 形的所有数字都相乘。

但是,在前面那道例题中,不仅要求 12 和 18 的最小公倍数,还要按照从小到大的顺序列出 12 和 18 的 3 个公倍数。求 12 和 18 的公倍数时,需要用到下列性质。

【公倍数与最小公倍数的关系】

公倍数是"最小公倍数的倍数"。

具体来说,我们用"短除法"求出了 12 和 18 的最小公倍数是 36。"这个最小公倍数 36 的倍数"都是"12 和 18 的公倍数"。

$36 \times 1 = 36$、$36 \times 2 = 72$、$36 \times 3 = 108$,所以,最小公倍数 36 的倍数按照由小到大排列出的 36、72、108 就是"12 和 18 按照由小到大排列的 3 个公倍数"。

求 12 和 18 的最小公倍数和公倍数的流程,我简化如下:

数学原来可以这样学 小学篇

使用"短除法"，求出 12 和 18 的最小公倍数是 36。

最小公倍数 36 的倍数，按由小到大的顺序排列，前 3 个分别是 36、72、108。

36、72、108 就是题目中要求的 12 和 18 的公倍数。

熟练掌握这种方法之后，孩子就能既快速又准确地求 2 个整数的最小公倍数和公倍数了。

其实，使用"短除法"还能求 3 个（或以上）整数的最小公倍数。在求 3 个（或以上）整数的最小公倍数时，过程要稍微复杂一些，请大家注意。我们来看一道例题。

例3　按从小到大的顺序，列出 12、15 和 18 的 3 个公倍数。另外，找出 12、15 和 18 的最小公倍数。

【使用"短除法"求最小公倍数和公倍数（求 3 个整数的最小公倍数和公倍数）】

（1）先画一个短除号，寻找能够同时整除 12、15、18 的整数，发现 3 可以同时整除以上 3 个数，所以把 3 写在短除号左边。再分别把 12、15、18 除以 3 的商 4、5、6 写在短除号下面。

$$3\ )\ \underline{\quad 12 \qquad 15 \qquad 18\quad}$$
$$4 \qquad\quad 5 \qquad\quad 6$$

（2）除了 1，没有可以同时整除 4、5、6 的整数。但这个时候，还不能就此打住。还要在 4、5、6 这 3 个数中寻找是否存在 2 个数有共同约数的情况。结果我们发现，4、6 可以同时被 2 整除，于是把 2 写在短除号左边。把 4、6 除以 2 的商 2、3 写在短除号下面相应的位置。但要注意，5 要直接落下来，也写在短除号下面。

$$
\begin{array}{r|ccc}
3 & 12 & 15 & 18 \\
2 & 4 & 5 & 6 \\
\hline
& 2 & 5 & 3
\end{array}
$$

4、6 可以被 2 整除

5 直接落下来

（3）2、3、5 全部或其中任意 2 个数，都只能被 1 整除，所以，到此为止，不用再除了。

$$
\begin{array}{r|ccc}
3 & 12 & 15 & 18 \\
2 & 4 & 5 & 6 \\
\hline
& 2 & 5 & 3
\end{array}
$$

← 2、3、5 全部或其中任意 2 个数，都只能被 1 整除，所以到此为止。

（4）把短除号左边和下面呈 L 形的所有数字相乘，就求出了 12、15、18 的最小公倍数。$3 \times 2 \times 2 \times 5 \times 3 = 180$，所以，12、15、18 的最小公倍数就是 180。

$$
\begin{array}{r|ccc}
3 & 12 & 15 & 18 \\
2 & 4 & 5 & 6 \\
\hline
& 2 & 5 & 3
\end{array}
$$

呈 L 形的所有数字相乘

$$3 \times 2 \times 2 \times 5 \times 3 = 180$$

12、15、18 的最小公倍数就是 180

（5）根据"公倍数是最小公倍数的倍数"的性质，那么，最小公倍数 180 的 3 个倍数，按照由小到大的顺序排列是 180、360、540。所以，12、15、18 按照由小到大的顺序排列的 3 个公倍数分别是 180、360、540。

使用"短除法"求 3 个（或以上）整数的最大公约数，当 3 个数短除的商除了 1 再没有公约数的时候，就可以停止了。但是，在用"短除法"求 3 个（或以上）整数的最小公倍数时，如果短除的商中有任意 2 个（或以上）数还有公约数的话，还得继续除。直到任意 2 个商除了 1 没有公约数为止。很多学生不容易理解这一点，所以要重点给孩子进行讲解。

以上就是使用"短除法"求多个整数最小公倍数和公倍数的解法。也许孩子会觉得过程有点复杂，但只要反复练习就能熟练掌握。熟练掌握之后，便能又快又准地求多个整数的最小公倍数和公倍数了。

如何区分最大公约数和最小公倍数?

有学生会混淆"最大公约数"和"最小公倍数"两个概念,还有学生自己创造出"最小公约数""最大公倍数"之类的错误术语。

混淆概念、乱用术语的原因其实还在于孩子对约数、倍数含义的理解不够。那么,怎样才能帮助孩子加深理解、避免混淆呢?

首先,对约数关系和倍数关系的术语进行分类记忆,具体如下所示:

> 约数关系的术语 → 约数、公约数、最大公约数
>
> 倍数关系的术语 → 倍数、公倍数、最小公倍数

上述共计 6 个术语,如果打乱了记忆的话,任谁都容易混淆。所以,我们一定要给它们分组,然后再结合含义来记忆。

关于约数关系的术语,它们的含义是什么呢?如下所示:

> 【约数关系术语的含义】
>
> 约数(可以整除某个整数的整数)
>
> ⇩
>
> 公约数(2 个以上整数共同的约数)
>
> ⇩
>
> 最大公约数(公约数中最大的那个数)

关于倍数关系的术语，它们的含义是什么呢？如下所示：

【倍数关系术语的含义】

倍数 [某个整数的整数倍（1 倍、2 倍、3 倍……）的数]

⇩

公倍数（2 个以上整数共同的倍数）

⇩

最小公倍数（公倍数中最小的那个数）

像这样，把术语分组，再结合含义来记忆，孩子就不容易混淆了。

不过，对自创"最小公约数""最大公倍数"之类错误术语的孩子，要给他们讲明白为什么数学中不存在"最小公约数"和"最大公倍数"的概念。

首先，我们来看看所谓"最小公约数"。如果存在"最小公约数"的话，那么，4 和 6 的"最小公约数"是 1，而 5 和 15 的"最小公约数"也是 1。所以，任何 2 个以上的整数的"最小公约数"都是 1。因此，"最小公约数"的概念没有实用价值。

其次，我们再来看看所谓"最大公倍数"。举例来说，4 和 6 的公倍数有 12、24、36、48、60……无数个。由此可见，任何 2 个以上的整数的公倍数都有无数个，也找不出最大的那个。所以，"最大公倍数"是"无限大"。因此，"最大公倍数"的概念也没有意义。

孩子了解了"最小公约数"和"最大公倍数"没有意义的原因，就不会再搞错了。

不要教孩子死记硬背术语，应该先"分组"再"结合含义"来理解、记忆，这才是学数学的捷径。

1 为什么不是质数？

日本在 2011 年发布了《新学习指导要领》，在新的《指导要领》中，原本初中才会学到的"质数"知识，被划入了小学的学习范围。

所谓质数，是指在大于 1 的自然数中，除了 1 和它本身没有其他约数的自然数。举个例子，我们先来看看 2、3、4 这 3 个数分别都有哪些约数。

---

2 的约数 → 1、2

3 的约数 → 1、3

4 的约数 → 1、2、4

---

2 和 3 的约数只有 1 和它们本身，因此 2 和 3 是质数。但 4 呢，4 的约数中除了 1 和它本身，还有 2，所以 4 不是质数。

20 以内的质数有 2、3、5、7、11、13、17、19。

从质数的定义我们可以看出，"在大于 1 的自然数中……"，那就是说，1 不属于质数。但 1 的约数也只有 1 和它本身呀，因此有很多小学生会产生疑惑，为什么 1 不是质数呢？

对呀，这到底是为什么呢？

我们用初中三年级要学到的"分解质因数"的知识，可以解答这个问题。

虽然"分解质因数"是初中学习的内容，但我会尽量用小学生听得懂的方式来讲解。所谓"分解质因数",简单地讲,就是"把一个数分解成几个质数相乘的形式"。

举例来讲解,我们对 10 进行分解质因数。10 可以用质数 2 和质数 5 相乘来表示,所以分解质因数的结果就是"10 = 2 × 5"。而且,10 只有"2 × 5"一种分解质因数的形式。这正是分解质因数的"唯一性"。其实,数学的世界就建立在分解质因数唯一性的基础之上。

再回到前面的话题,在这里,我们姑且把 1 看作质数。那么,再对 10 进行分解质因数时,就出现了"10 = 1 × 2 × 5""10 = 1 × 1 × 2 × 5""10 = 1 × 1 × 1 × 2 × 5"……无数种分解方法。这就违反了"分解质因数唯一性"的性质,也是"1 不是质数"的理由。

虽说我刚才的讲解对大多数小学生来说,应该都可以理解,但也有一部分孩子不容易接受。对这样的孩子,我建议大家一开始就告诉孩子,"质数拥有'2 个整数约数'",因为 1 只有 1 个约数,所以不算质数。

只要孩子记住"质数拥有'2 个整数约数'",就不会对"1 到底是不是质数"感到迷惑了。

第 **5** 章

解决分数计算中的

" ？ "

如何流畅地约分与通分？

如何熟练掌握分数的加减法？

分数乘法，为什么要分子乘分子、分母乘分母？

分数除法，为什么要把除数的分子和分母颠倒过来，再与

被除数相乘？

如何把分数转化成小数？

如何流畅地约分与通分?

五年级

一谈到分数计算,就离不开约分和通分。而约分和最大公约数、通分和最小公倍数有着密切的关系。

要想透彻理解约分和通分,必须把前一章讲的最大公约数和最小公倍数掌握好。前一章讲约数和倍数,也是为这一章的分数计算做准备。

那么,约分和最大公约数、通分和最小公倍数到底存在什么样的关系呢? 我们先来分析约分和最大公约数之间的关系。先看一道例题:

例1 为 $\dfrac{24}{36}$ 约分

首先,我们再确认一下约分的含义。所谓约分,就是分数的分子和分母同时除以相同的数,使分数变得更简单。上面的例题,要求对 $\dfrac{24}{36}$ 进行约分,A、B、C 三名同学的解法分别如下:

A 同学 → $\dfrac{24}{36} = \dfrac{2}{3}$ (正确)

B 同学 → $\dfrac{24}{36} = \dfrac{12}{18} = \dfrac{6}{9} = \dfrac{2}{3}$ (正确)

C 同学 → $\dfrac{24}{36} = \dfrac{12}{18} = \dfrac{6}{9}$ (错误)

分数约分，一定要约到最简分数为止，对于例题，A、B 两名同学

都约分到了 $\dfrac{2}{3}$，是最简分数，因此结果正确。但 C 同学约到了 $\dfrac{6}{9}$，

并不是最简分数，还可以继续约分，因此他的答案不正确。在现实中，

犯同样错误的小学生还不在少数。

再比较一下 A、B 两位同学的解法，A 同学一次性就约到 $\dfrac{2}{3}$，而

B 同学约分 3 次才约分到 $\dfrac{2}{3}$。虽然二人都得到了正确答案，但从解题

时间来看，如果能像 A 同学那样一步到位，当然是最好的。如果分几

次约分的话，有可能会像 C 同学那样，在中间某一步就停下来，错误

地认为得到了最简分数。

那么，如何才能做到一次性约分到位呢？其实，为了一次性把分数

约分成最简分数，需要找到分子和分母的最大公约数，并用分子和分母

同时除以这个最大公约数。

以 $\dfrac{24}{36}$ 为例，分子 24 和分母 36 的最大公约数是 12。用 24 和 36

同时除以 12，就完成了一次性约分到位。

$$\frac{24}{36} = \frac{24 \div 12}{36 \div 12} = \frac{2}{3}$$

> 24 和 36 的最大公约数是 12，
> 24 和 36 同时除以 12

"找出分子和分母的最大公约数，并用分子和分母同时除以最大公

约数，就可以实现一次性约分到位"，这是约分的关键点。求 24 和 36

的最大公约数，我们可以用前面介绍过的"短除法"。

$$2 \times 2 \times 3 = 12$$

24 和 36 的最大公约数

（参考）

如果能找到 24 和 36 的最大公约数，再用 24 和 36 同时除以这个最大公约数，就可以一次性约分到最简分数。

最大公约数

接下来，我们再看通分和最小公倍数的关系。所谓通分，就是把分母不同的 2 个以上的分数，都变成分母相同的分数。我们先看下面的例题：

例2 对 $\dfrac{1}{6}$ 和 $\dfrac{3}{8}$ 进行通分

对于这道题，A、B 两位同学的解法分别如下：

A 同学 → $\dfrac{1}{6} = \dfrac{1 \times 4}{6 \times 4} = \dfrac{4}{24}$　$\dfrac{3}{8} = \dfrac{3 \times 3}{8 \times 3} = \dfrac{9}{24}$

答案是 $\dfrac{4}{24}$、$\dfrac{9}{24}$ （正确）

B 同学 → $\dfrac{1}{6} = \dfrac{1 \times 8}{6 \times 8} = \dfrac{8}{48}$　$\dfrac{3}{8} = \dfrac{3 \times 6}{8 \times 6} = \dfrac{18}{48}$

答案是 $\dfrac{8}{48}$、$\dfrac{18}{48}$ （错误）

A 同学把 2 个分数的分母统一成了 24，是正确答案。B 同学的答

案是 $\dfrac{8}{48}$、$\dfrac{18}{48}$，这 2 个数分别可以约分为 $\dfrac{4}{24}$ 和 $\dfrac{9}{24}$，所以 B 同学的答案不正确。在为几个分数通分时，分母应该尽量小。我们再看一道例题。

例3 $\dfrac{1}{6} + \dfrac{3}{8} =$

对于这道题，A、B 两位同学的解法分别如下：

A 同学 → $\dfrac{1}{6} + \dfrac{3}{8} = \dfrac{4}{24} + \dfrac{9}{24} = \dfrac{13}{24}$ （正确）

B 同学 → $\dfrac{1}{6} + \dfrac{3}{8} = \dfrac{8}{48} + \dfrac{18}{48} = \dfrac{26}{48}$ （错误）

这是一道分数加法题，2 个分数分母不同，需要先通分。A 同学把分母通分为 24，他的答案是正确的。B 同学把分母通分为 48，而他忘记把最终的答案 $\dfrac{26}{48}$ 约分为 $\dfrac{13}{24}$，不是最简分数，所以不正确。如果 B 同学意识到这一点，把最终答案约分为 $\dfrac{13}{24}$，虽然结果正确，但在过程上肯定比 A 同学要花更长的时间。

在例 2、例 3 中，A 同学把分母统一为 24，结果正确。而 B 同学把分母统一为 48，结果都不正确。

那么，如何才能像 A 同学那样，一次性就找到适当的通分分母呢？这就涉及求几个分数分母的最小公倍数。以 $\dfrac{1}{6}$ 和 $\dfrac{3}{8}$ 为例，分母分别是 6 和 8，它们的最小公倍数是 24，所以，只要把分母统一为 24 即可。

$$\frac{1}{6} = \frac{1 \times 4}{6 \times 4} = \frac{4}{24}$$

$$\frac{3}{8} = \frac{3 \times 3}{8 \times 3} = \frac{9}{24}$$

> 6 和 8 的最小公倍数是 24，所以分母统一为 24 即可

"把分母统一为几个分母的最小公倍数"是通分的关键点。我们可以用之前学过的"短除法"求 6 和 8 的最小公倍数。

$$\underline{2)\;6\quad 8}$$
$$\;3\quad 4$$

呈 L 形
的数字相乘

$$2 \times 3 \times 4 = 24$$

6 和 8 的
最小公倍数

下面我把约分和最大公约数、通分和最小公倍数的关系，分别总结一下。

- 约分和最大公约数的关系 → 为了一次性约分到位，分母和分子同时除以两者的最大公约数
- 通分和最小公倍数的关系 → 把分母都统一为所有分母的最小公倍数

牢记上述关系，分数的约分、通分就不是问题了，而要想做好分数加减法，约分和通分是前提。

如何熟练掌握分数的加减法？

分数，主要分为以下 3 种：

- 真分数——分子比分母小的分数，如 $\dfrac{1}{3}$、$\dfrac{3}{5}$。

- 假分数——分子和分母相等，或分子比分母大的分数，如 $\dfrac{4}{4}$、$\dfrac{7}{6}$。

- 带分数——一个整数和真分数的和，如 $1\dfrac{2}{5}$、$6\dfrac{3}{7}$。举例来说，带分数 $6\dfrac{3}{7}$，是整数 6 和真分数 $\dfrac{3}{7}$ 的和。

真分数和假分数比较容易理解，但有不少学生对带分数把握不清，要特别注意。举例来说，$6\dfrac{3}{7}$ 其实在整数部分 6 和真分数部分 $\dfrac{3}{7}$ 之间省略了一个加号。也就是说，$6\dfrac{3}{7} = 6 + \dfrac{3}{7}$。

本小节主要讲解的是小学生最容易出错的"带分数与带分数的加减法"。我们先来看"带分数与带分数的加法"。

例1 $\quad 3\dfrac{7}{9} + 4\dfrac{5}{6} =$

解这道题的时候，主要有以下两种方法：

（方法 A）带分数"进位"法

$$3\frac{7}{9} \ + \ 4\frac{5}{6}$$ 通分

$$= \ 3\frac{14}{18} \ + \ 4\frac{15}{18}$$ 相加

$$= \ 7\frac{29}{18}$$

向整数部分"进位"

$$= \ 8\frac{11}{18}$$

（方法 B）把带分数转化成假分数后，再进行计算

$$3\frac{7}{9} \ + \ 4\frac{5}{6}$$ 把带分数转化成假分数

$$= \ \frac{34}{9} \ + \ \frac{29}{6}$$ 通分

$$= \ \frac{68}{18} \ + \ \frac{87}{18}$$ 相加

$$= \ \frac{155}{18}$$

把假分数转化成带分数

$$= \ 8\frac{11}{18}$$

方法 A 使用的是"带分数'进位'法"，方法 B 使用的是"转化成假分数再计算"。熟练掌握之后，方法 A 更快更准确。所以我推荐学生使用方法 A。

在方法 A 中，涉及把 $7\frac{29}{18}$ 变形为 $8\frac{11}{18}$，把假分数部分转化成

带分数，再把整数部分相加。即 $\dfrac{29}{18} = 1\dfrac{11}{18}$，$7 + 1\dfrac{11}{18} = 8\dfrac{11}{18}$。

我把这个过程称为"带分数'进位'"。具体操作过程如下：

$$7\dfrac{29}{18}$$

$= 7 + \dfrac{29}{18}$ ⟩把 $7\dfrac{29}{18}$ 转化成整数 + 分数的形式

$= 7 + 1\dfrac{11}{18}$ ⟩把 $\dfrac{29}{18}$ 转化为带分数

$= 8\dfrac{11}{18}$ ⟩把 7 和 1 相加

熟练掌握"带分数'进位'法"之后，就可以使用方法 A 快速解答带分数加法了。

前面，我把 $7\dfrac{29}{18}$ 变换成 $8\dfrac{11}{18}$ 的过程也详细写出来了，但学生在实际计算过程中，不必写详细过程，过程在头脑中完成，然后直接写出结果就行。

$7\dfrac{29}{18} = 8\dfrac{11}{18}$，像这样，关于"带分数'进位'"，要让孩子反复进行练习。

接下来，我们再学习带分数的减法。先看一道例题：

例2　$5\dfrac{1}{3} - 1\dfrac{3}{4} =$

解这道带分数减法题，主要有以下两种方法：

（方法 C）带分数"退位"法

$$5\frac{1}{3} - 1\frac{3}{4}$$ 通分

$$= 5\frac{4}{12} - 1\frac{9}{12}$$ 分子的 4 不够减 9，需要从整数部分借 1

$$= 4\frac{16}{12} - 1\frac{9}{12}$$ 减

$$= 3\frac{7}{12}$$

（方法 D）把带分数转化成假分数后，再进行计算

$$5\frac{1}{3} - 1\frac{3}{4}$$ 转化成假分数

$$= \frac{16}{3} - \frac{7}{4}$$ 通分

$$= \frac{64}{12} - \frac{21}{12}$$ 减

$$= \frac{43}{12}$$ 转化成带分数

$$= 3\frac{7}{12}$$

方法 C，我称之为"带分数'退位'法"，而方法 D 是先把两个带分数转化为假分数再进行计算。熟练掌握之后，方法 C 更快速更准确。所以我推荐孩子使用方法 C。

您会发现，在方法 C 中，我们涉及把 $5\frac{4}{12}$ 转化成 $4\frac{16}{12}$，这是向整数部分借 1，我称之为"带分数'退位'"。$5\frac{4}{12}$ 能够转

化成 $4 \dfrac{16}{12}$ 的理由如下：

$$5 \frac{4}{12}$$

$$= \quad 4 \; + \; 1\frac{4}{12} \qquad \Big) \; 5 = 4 + 1$$

$$= \quad 4 \; + \; \frac{16}{12} \qquad \Big) \; 把 \; 1\frac{4}{12} \; 转化为假分数$$

$$= \quad 4 \frac{16}{12} \qquad\qquad \Big) \; 相加$$

　　熟练掌握"带分数'退位'"，是使用方法 C 的前提。刚才我把 $5 \dfrac{4}{12}$ 转换成 $4 \dfrac{16}{12}$ 的过程详细写出来了，但在实际应用中，这个过程应该在孩子头脑中瞬间完成，一定要练习到这种熟练的程度才行。

　　带分数的加减法，如果先转化为假分数再计算，虽然也能得到正确答案，但过程稍显烦琐，费时费力还容易出错。而用带分数"进位""退位"法，则可以比较迅速地解题，也减少了出错的概率，我推荐孩子多练习带分数"进位""退位"法。

分数乘法，为什么要分子乘分子、分母乘分母？

六年级

例1 $\dfrac{4}{7} \times \dfrac{2}{3} =$

解这样的分数乘法题，需要分子乘分子、分母乘分母，具体过程如下：

$$\dfrac{4}{7} \times \dfrac{2}{3} = \dfrac{4 \times 2}{7 \times 3} = \dfrac{8}{21}$$

可是，分数乘法，为什么要分子乘分子、分母乘分母呢？我们来分析一下其中的理由。我把前面的例1扩展为下面的应用题例2。

例2 长 $\dfrac{4}{7}$ 米、宽 $\dfrac{2}{3}$ 米的长方形，面积是多少平方米？

解这道题的时候，列的算式就是例1中的算式 $\dfrac{4}{7} \times \dfrac{2}{3}$。但为了求题中长方形的面积，我把它放在一个边长为1米的正方形中进行分析。我把边长为1米的正方形，纵向平均分成7份，横向平均分成3份，这样可以把正方形分成多个小格。如下图所示，一共有 $7 \times 3 = 21$ 个小格。

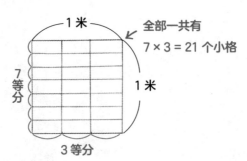

数学原来可以这样学 小学篇

例 2 要求的是一个长 $\dfrac{4}{7}$ 米、宽 $\dfrac{2}{3}$ 米的长方形的面积，也就是求下图中阴影部分的面积。

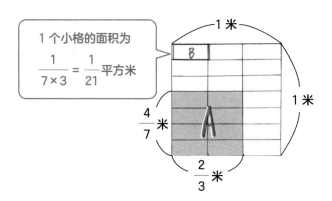

1 个小格的面积为

$$\dfrac{1}{7 \times 3} = \dfrac{1}{21} 平方米$$

边长为 1 米的正方形，面积为 1 平方米。在上图中，我们把 1 平方米的正方形平均分成了 21 个小格，那么，1 个小格的面积（B）是多少呢？求法是 $\dfrac{1}{7 \times 3} = \dfrac{1}{21}$ 平方米。长方形 A 由 8 个小格组成，所以长方形 A 的面积是 $8 \times \dfrac{1}{21} = \dfrac{8}{21}$ 平方米。

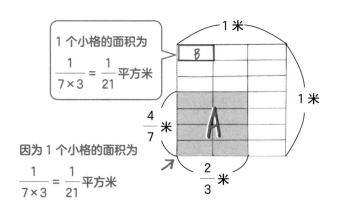

1 个小格的面积为

$$\dfrac{1}{7 \times 3} = \dfrac{1}{21} 平方米$$

因为 1 个小格的面积为

$$\dfrac{1}{7 \times 3} = \dfrac{1}{21} 平方米$$

所以，长方形 A 的面积为

$$\dfrac{4 \times 2}{21} = \dfrac{8}{21} 平方米$$

也就是说，$\dfrac{4}{7} \times \dfrac{2}{3}$ 的结果，是分子和分子相乘、分母和分母相乘计算出来的。

$$\frac{4}{7} \times \frac{2}{3} = \frac{4 \times 2}{7 \times 3} = \frac{8}{21}$$

这就是分数乘法，需要了解分子乘分子、分母乘分母背后的原理。以前，如果孩子突然问您："为什么分数乘法，需要分子乘分子、分母乘分母呢？"您可能无法马上回答出来，多半敷衍孩子说："你只要记住计算规则，按规则计算就行了！问那么多干吗？"但现在，您可以用我前面讲的方法教孩子，让他们在理解原理的基础上再做计算，这样他们才能做到融会贯通、举一反三。

分数除法，为什么要把除数的分子和分母颠倒过来，再与被除数相乘？

六年级

"做分数除法的时候，为什么要把除数的分子和分母颠倒过来，再与被除数相乘？"

这是孩子让爸爸妈妈头疼的典型的"灵魂拷问"之一。现实中，没有几个爸爸妈妈能够给孩子满意的回答。

实际上，前面这个问题的表达方式只是一种通俗的说法，如果用数学术语表达的话，应该是："在做分数除法的时候，为什么被除数要与除数的倒数相乘？"

所谓倒数，通俗地讲，就是把一个分数的分子和分母颠倒过来，这个分数和原来那个分数互为倒数。例如，$\dfrac{3}{4}$ 的倒数是 $\dfrac{4}{3}$，$\dfrac{3}{4}$ 和 $\dfrac{4}{3}$ 相乘的积等于 1。所以也可以说，"当两个数（不为 1）相乘等于 1 的时候，这两个数互为倒数"。

再回到原来的话题，"做分数除法的时候，为什么要把除数的分子和分母颠倒过来，再与被除数相乘？"关于这个问题，其实有好几种回答方法。下面我为您介绍其中三种回答方法。在回答孩子问题的时候，能把三种方法都讲明白当然最好，不行的话，也可以挑其中最容易理解的一种方法讲。我们先来看一道例题。

例　为什么能进行如下变形？

$$\frac{5}{8} \div \frac{6}{7} = \frac{5}{8} \times \frac{7}{6}$$

把这道例题讲明白，孩子就能明白为什么做分数除法的时候，要把除数的分子和分母颠倒过来再和被除数相乘了。

我先介绍第一种讲解方法。

【方法1　根据除法的性质进行分析】

通过前面的学习，我们知道除法有一个性质——"当被除数和除数同时乘以相同的数（不为0）时，商不变。"我在P61介绍"小数点舞蹈"的时候，也利用了这一性质。举例来说，在计算 $0.35 \div 0.07$ 的时候，我们将被除数和除数同时乘以100，结果是不变的。

$$0.35 \div 0.07 = （0.35 \times 100）\div （0.07 \times 100）$$
$$= 35 \div 7 = 5$$

在做 $\dfrac{5}{8} \div \dfrac{6}{7}$ 的时候，要想把除数 $\dfrac{6}{7}$ 变成1，而又保持算式的商不变，需要怎么做？我们可以用被除数和除数同时乘以 $\dfrac{7}{6}$，如下所示：

$$\frac{5}{8} \div \frac{6}{7}$$

$$= \left（\frac{5}{8} \times \frac{7}{6}\right）\div \left（\frac{6}{7} \times \frac{7}{6}\right) \quad \text{被除数和除数同时乘以} \frac{7}{6}$$

$$= \left(\frac{5}{8} \times \frac{7}{6}\right) \div 1 \quad \text{除数成了1}$$

$$= \frac{5}{8} \times \frac{7}{6}$$

由此，我们可以证明 $\dfrac{5}{8} \div \dfrac{6}{7} = \dfrac{5}{8} \times \dfrac{7}{6}$ 成立。

【方法 2　用 $\dfrac{\text{分数}}{\text{分数}}$ 的形式进行分析】

　　我们都知道，除法 A ÷ B 也可以表示为 $\dfrac{A}{B}$，即 A ÷ B = $\dfrac{A}{B}$。

同样的道理，$\dfrac{5}{8} \div \dfrac{6}{7}$ 可以转化成 $\dfrac{A}{B}$ 的形式，如下所示：

$$A \div B = \frac{A}{B}$$

$$\downarrow$$

$$\frac{5}{8} \div \frac{6}{7} = \frac{\frac{5}{8}}{\frac{6}{7}} \leftarrow \frac{\text{分数}}{\text{分数}} \text{的形式}$$

　　这样，$\dfrac{5}{8} \div \dfrac{6}{7}$ 就转变成了 $\dfrac{\text{分数}}{\text{分数}}$ 的形式，$\dfrac{\text{分数}}{\text{分数}}$ 的形式还可

以进行简化，简化需要把分母 $\dfrac{6}{7}$ 变成 1。要把 $\dfrac{6}{7}$ 变成 1，只需

乘以它的倒数 $\dfrac{7}{6}$ 即可。分数有一个性质："分子和分母同时乘以

相同的数（不为 0），分数的大小不变。"根据这个性质，分母乘

了 $\dfrac{7}{6}$，分子也得乘 $\dfrac{7}{6}$。

$$\frac{5}{8} \div \frac{6}{7} = \frac{\frac{5}{8}}{\frac{6}{7}}$$

分子、分母同时乘以 $\frac{7}{6}$

$$= \frac{\frac{5}{8} \times \frac{7}{6}}{\frac{6}{7} \times \frac{7}{6}}$$

分母 $\frac{6}{7} \times \frac{7}{6} = 1$

$$= \frac{\frac{5}{8} \times \frac{7}{6}}{1}$$

根据 "$\frac{\square}{1} = \square$" 进行变形

$$= \frac{5}{8} \times \frac{7}{6}$$

经过上述推导过程，我们也把 $\frac{5}{8} \div \frac{6}{7}$ 转化成了 $\frac{5}{8} \times \frac{7}{6}$ 的形式。其实，方法 2 和方法 1 的原理是相同的，只是过程中的形式稍有差别。

【方法 3 转化为乘法进行分析】

先举个例子，"$6 \div 2 = \square$"，这是一个除法算式，但我们可以把它转化为乘法算式，即"$2 \times \square = 6$"。同样的道理，"$\frac{5}{8} \div \frac{6}{7} = \square$"也可以转换为乘法形式——"$\frac{6}{7} \times \square = \frac{5}{8}$"。那么，"$\square$"中应该填入什么数，才能使等式成立呢？

首先，我们在"$\square$"中填入 $\frac{6}{7}$ 的倒数 $\frac{7}{6}$，不过，$\frac{6}{7} \times \frac{7}{6} = 1$，而等号右边是 $\frac{5}{8}$。要想得到 $\frac{5}{8}$ 这个结果，"$\square$"

中除了要填 $\dfrac{7}{6}$，还要乘以 $\dfrac{5}{8}$，即填入 $\dfrac{5}{8} \times \dfrac{7}{6}$，才能使等式成立。

$$\dfrac{6}{7} \times \square = \dfrac{5}{8}$$

$\downarrow$ □中填入 $\dfrac{5}{8} \times \dfrac{7}{6}$

$$\dfrac{6}{7} \times \left(\dfrac{5}{8} \times \dfrac{7}{6} \right)$$

去掉括号

$$= \dfrac{6}{7} \times \dfrac{5}{8} \times \dfrac{7}{6}$$

$$= \dfrac{5}{8}$$

原本的除法算式是" $\dfrac{5}{8} \div \dfrac{6}{7} = \square$ "，经过前面的推导过程，我们知道"□"中填入 $\dfrac{5}{8} \times \dfrac{7}{6}$，等式成立。所以，$\dfrac{5}{8} \div \dfrac{6}{7} = \dfrac{5}{8} \times \dfrac{7}{6}$。

上面给大家介绍了三种证明方法，其实给小学生讲解的时候，每一种方法都有不太好理解的地方。但只要耐心讲解，相信小学生一定也能领悟其中的道理。领悟背后的原理，能让小学生对数学有更加深入的理解，对小学生的思维是一个很好的锻炼。

如何把分数转化成小数?

这一节我们学习分数与小数的相互转化问题。先来看一道例题。

例 1 把 1 平方米的土地平均分给 4 个人,每人分得的土地是多少平方米?请用小数和分数两种形式作答。

我们画图辅助思考。如下图所示,我们画一个面积为 1 平方米的正方形,代表那块土地。

1 平方米

把这块 1 平方米的土地平均分给 4 个人,下图是一种分法:

把 1 平方米的土地分成 4 等份

上图中红色的部分,就是 1 个人分得的土地面积。所以,例 1 要求的就是图中红色部分的面积。

例 1 要求用小数和分数两种形式作答,我们先用小数作答。把 1 平方米的土地平均分给 4 个人,那么 1 个人分得的土地面积就应该是"1 ÷

4"平方米。

1 ÷ 4 用竖式计算的话，结果是 0.25。因此，用小数作答的话，答案就是 0.25 平方米。前面图中红色部分的面积就是 0.25 平方米。

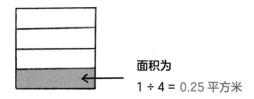

面积为
1 ÷ 4 = 0.25 平方米

接下来，我们再用分数作答。把 1 平方米的土地平均分给 4 个人，那么 1 个人分得的土地面积就应该是 $\dfrac{1}{4}$ 平方米。这就是分数的答案。

面积为 $\dfrac{1}{4}$ 平方米

如前所述，把 1 平方米的土地平均分给 4 个人，求 1 个人分得的土地面积，列式应该是 "1 ÷ 4"。

计算 "1 ÷ 4" 得出的小数结果是 0.25，分数结果是 $\dfrac{1}{4}$。由此可见，0.25 平方米和 $\dfrac{1}{4}$ 平方米所代表的面积是一样大的。

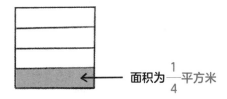

面积为

$$\begin{cases} （\text{小数}）\\ 1 ÷ 4 = \boxed{0.25 \text{ 平方米}} \\ \\ （\text{分数}）\\ 1 ÷ 4 = \boxed{\dfrac{1}{4} \text{ 平方米}} \end{cases}$$

表示相同的面积

也就是说，0.25 和 $\dfrac{1}{4}$ 是相等的，即 0.25 = $\dfrac{1}{4}$。从下面的数轴中，

我们也可以发现 0.25 和 $\dfrac{1}{4}$ 是相等的。

（小数）0 0.25 0.5 0.75 1

（分数）0 $\dfrac{1}{4}$ $\dfrac{2}{4}\left(\dfrac{1}{2}\right)$ $\dfrac{3}{4}$ 1

在 "1 ÷ 4 = $\dfrac{1}{4}$" 这个等式中，我们发现，商的分子和被除数同

为 1，商的分母和除数同为 4。

$$1 \div 4 = \dfrac{1}{4}$$
相同   相同

出现这种情况，并不是偶然的。在所有"整数÷整数"的计算中，
这种情况都成立。我们把整数被除数和整数除数分别用●和■表示，那
么可以得出如下公式：

$$\bullet \div \blacksquare = \dfrac{\bullet}{\blacksquare}$$
相同   相同

这个公式能够成立的理由，其实学过"分数除法"的同学很容易理
解。对这个公式我们可以通过如下变形进行证明。

$$= \dfrac{\bullet}{1} \div \dfrac{\blacksquare}{1}$$ 分别变形为 $\dfrac{\bullet}{1}$、$\dfrac{\blacksquare}{1}$

$$= \dfrac{\bullet}{1} \times \dfrac{1}{\blacksquare}$$ 乘以除数的倒数

$$= \dfrac{\bullet}{\blacksquare}$$ 分子乘分子、分母乘分母

通过上述变形，我们可以证明"$\bullet \div \blacksquare = \dfrac{\bullet}{\blacksquare}$"。

而且，由"＝（等号）"连接的等式，等号左右的内容可以调换位置，

调换后同样成立。因此，"$\dfrac{\bullet}{\blacksquare} = \bullet \div \blacksquare$"同样成立。在小学数学中，

这两个公式一定要牢记。

$$\bullet \div \blacksquare = \dfrac{\bullet}{\blacksquare}$$

↓ 等号左右的内容可以调换位置

$$\dfrac{\bullet}{\blacksquare} = \bullet \div \blacksquare$$

那么，根据"$\dfrac{\bullet}{\blacksquare} = \bullet \div \blacksquare$"这个公式，我们可知：分数可以转

换为除法。以 $\dfrac{1}{4}$ 为例，$\dfrac{1}{4}$ 就可以转换为 $1 \div 4$ 的除法。利用这个性

质，我们可以轻松解决如下问题：

例2 请把 $\dfrac{3}{5}$ 转化为小数。

这是一道把分数转化为小数的题。根据前面证明过的公式：

"$\dfrac{\bullet}{\blacksquare} = \bullet \div \blacksquare$"，我们可以把 $\dfrac{3}{5}$ 转化为除法，即 "$\dfrac{3}{5} = 3 \div 5$"。通过计算，我们求得，"$3 \div 5 = 0.6$"。因此，把 $\dfrac{3}{5}$ 转化为小数的话，结果是 0.6。

由此可见，利用公式 "$\dfrac{\bullet}{\blacksquare} = \bullet \div \blacksquare$"，可以把分数轻松转化为小数。

换句话说，把分数转化为小数的时候，只需用分子除以分母即可。我们再来看一道例题：

例3 请把 $7\dfrac{3}{8}$ 转化为小数。

这是把带分数转化为小数的问题。具体解法如下：

$$7\dfrac{3}{8}$$
$$= 7 + \dfrac{3}{8}$$ 把带分数写成 "整数 + 真分数" 的形式
$$= 7 + (3 \div 8)$$ 把 $\dfrac{3}{8}$ 转化为 "分子 ÷ 分母" 的形式
$$= 7 + 0.375$$ 计算 $3 \div 8$
$$= 7.375$$

那么反过来，把小数转化为分数，又该怎么做呢？在把小数转化为分数的时候，需要利用到下列小数与分数的转化。

【基本的小数与分数转化】

$$0.1 = \dfrac{1}{10} \qquad 0.01 = \dfrac{1}{100} \qquad 0.001 = \dfrac{1}{1000}$$

那么，将小数转化为分数，具体该怎么做呢？我们边做例题边讲解。

例 4　**请将 0.8 转化为分数。**

"$0.1 = \dfrac{1}{10}$"，而 0.8 是 8 个 0.1 $\left(= \dfrac{1}{10}\right)$。因此，把 0.8 转化

为分数的话，就是 $\dfrac{8}{10}$。把 $\dfrac{8}{10}$ 进行约分，结果是 $\dfrac{4}{5}$。

例 5　**请把 0.91 转化为分数。**

"$0.01 = \dfrac{1}{100}$"，而 0.91 是 91 个 0.01 $\left(= \dfrac{1}{100}\right)$。因此，把

0.91 转化为分数的话，就是 $\dfrac{91}{100}$。$\dfrac{91}{100}$ 无法约分，所以最终的答案

就是 $\dfrac{91}{100}$。

例 6　**请把 8.257 转化为分数。**

因为"8.257 = 8 + 0.257"，所以，我们只需把 0.257 转化为分

数即可。

"$0.001 = \dfrac{1}{1000}$"，0.257 有 257 个 0.001 $\left(= \dfrac{1}{1000}\right)$，所以，

0.257 转化为分数就是 $\dfrac{257}{1000}$。$\dfrac{257}{1000}$ 已经无法约分，是最简分数。

$\dfrac{257}{1000}$ 再加上 8，这道题的答案就是 $8\dfrac{257}{1000}$。

从例 4 到例 6 我们可以看出，在把小数转化为分数的时候，要用到

"$0.1 = \dfrac{1}{10}$" "$0.01 = \dfrac{1}{100}$" "$0.001 = \dfrac{1}{1000}$"。

分数与小数的互换，到了初中以后也经常会用到，所以，小学的时候一定要让孩子熟练掌握。

第6章

解决平面图形中的 " ? "

长方形的面积公式是如何推导出来的?

三角形的面积公式为什么是"底 × 高 ÷ 2"?

为什么三角形的内角和是 180 度?

□边形的内角和为什么是"180×(□—2)"?

圆的周长公式为什么是"直径 × 圆周率"?

圆的面积公式为什么是"半径 × 半径 × 圆周率"?

3.14(圆周率)的乘法,怎么算才简单?

什么是放大图和缩小图?

什么是轴对称和中心对称?

长方形的面积公式是如何推导出来的?

一个平面图形的大小,就叫作它的面积。

在小学算术中经常出现的面积单位是平方厘米（cm^2）。一个边长为 1 厘米的正方形,它的面积就是 1 平方厘米。

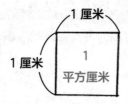

在小学阶段,孩子们会学到几种四边形的面积公式。现在我们就来研究一下这些面积公式成立的原理。

（1）"长方形面积 = 长 × 宽"成立的原理

例 1 下图中长方形的面积是多少平方厘米?

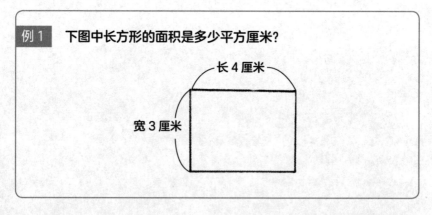

这个长方形的面积,应该是"长 × 宽 = 4 × 3 = 12 平方厘米"。但是,长方形的面积为什么要用"长 × 宽"来求呢? 前面我已经讲过"边长为

1 厘米的正方形的面积是 1 平方厘米”。所以，只要求出例 1 那个长方形中包含多少个边长为 1 厘米的正方形（面积为 1 平方厘米），就能求出长方形的面积。

我们把例 1 长方形的长和宽以 1 厘米为间隔作辅助线，结果就分隔出了很多小格子，每个小格子，都是边长为 1 厘米的正方形。

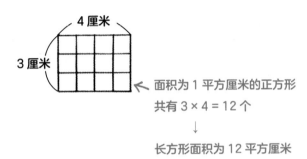

4 厘米

3 厘米

面积为 1 平方厘米的正方形
共有 3 × 4 = 12 个
↓
长方形面积为 12 平方厘米

从图中我们可以看出，在长方形宽的一边，可以排列 3 个小格子，长的一边可以排列 4 个小格子。也就是说，整个长方形中一共可以排列 3 × 4 = 12 个小格子。因为每个小格子的面积都是 1 平方厘米，所以长方形的面积就是 12 平方厘米。

例 1 中长方形宽边和长边分别排列的小格子数（3 个 × 4 个），和长方形宽和长的长度（3 厘米和 4 厘米）相同。所以，长方形的面积可以用“长 × 宽”来求。

（2）“正方形面积 = 边长 × 边长”成立的原理

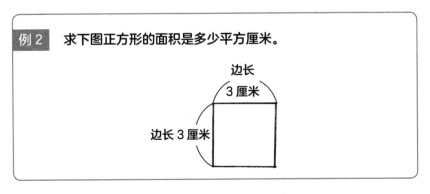

例 2　求下图正方形的面积是多少平方厘米。

边长
3 厘米

边长 3 厘米

这个正方形的面积为"边长×边长=3×3=9平方厘米"。可是，为什么正方形的面积可以用"边长×边长"这个公式来求呢？

其中的原理和长方形面积公式的推导原理是一样的。我们先把例2正方形的每条边以1厘米为间隔作辅助线，就会形成若干个小格子。

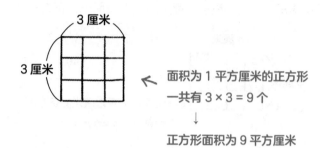

例2正方形中，一共可以排列边长为1厘米（面积为1平方厘米）的小正方形3×3=9个，所以，大正方形的面积就是9平方厘米。

例2正方形的每一条边可以排列小正方形的个数（3个），和边长（3厘米）是相同的，所以大正方形的面积可以用"边长×边长"的公式来求。

（3）"平行四边形面积=底边×高"成立的原理

什么是平行四边形？两组对边分别平行的四边形，就叫作平行四边形。

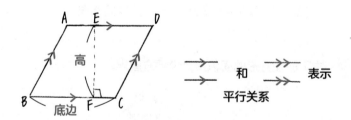

对于上面这个平行四边形，我们把BC当作底边，垂直于这条底边的线段EF，就是相对于底边BC来说的高。

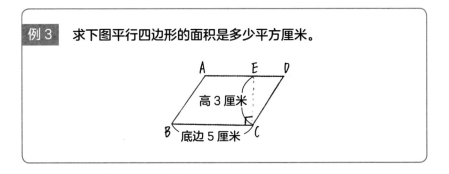

例3 求下图平行四边形的面积是多少平方厘米。

这个平行四边形的面积用公式求的话，是"底边 × 高 = 5 × 3 = 15 平方厘米"。可是，为什么平行四边形的面积可以用"底边 × 高"这个公式来求呢？

下面就为大家讲解推导平行四边形面积公式的原理。对于例 3 的平行四边形，我们先把三角形 CDE 切割下来，然后将其移动到平行四边形的左边。这样一来，平行四边形 ABCD 就变形成了长方形 FBCE。

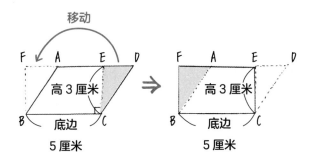

长方形 FBCE 的面积，等于底边 BC 的长度（长 5 厘米）和高 CE 的长度（宽 3 厘米）的乘积，即 5 × 3 = 15 平方厘米。所以，长方形 FBCE 的面积，即平行四边形 ABCD 的面积等于"底边 × 高"。

（4）"梯形面积 =（上底 + 下底）× 高 ÷ 2"成立的原理

只有一组对边平行的四边形，叫作梯形。

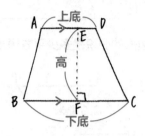

在上图的梯形中，AD 和 BC 是一组平行的对边，AD 称为上底，BC 称为下底。上底和下底之间的垂线 EF，叫作梯形的高。

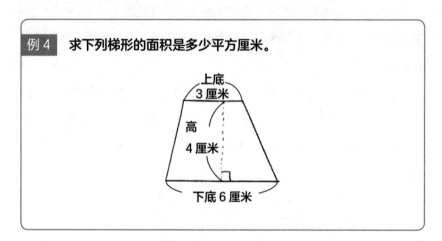

例 4 　求下列梯形的面积是多少平方厘米。

例题中梯形的面积求法：

（上底＋下底）×高÷2 =（3＋6）×4÷2 = 18平方厘米。不过，为什么梯形的面积可以用"（上底＋下底）×高÷2"这个公式来求呢？下面就为大家讲解这个公式的推导过程。

对例 4 这道题来说，我们先找一个和题中梯形全等的梯形，将其上下颠倒后和原来的梯形合并，就拼成了下页图中的平行四边形。所谓"全等"，就是形状和大小完全相同的图形。

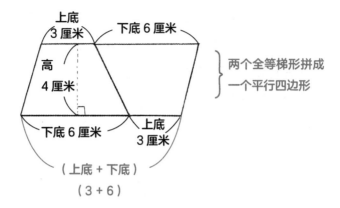

上底
3 厘米

下底 6 厘米

高
4 厘米

两个全等梯形拼成
一个平行四边形

下底 6 厘米

上底
3 厘米

（上底 + 下底）

（3 + 6）

拼成的平行四边形的底，等于原来梯形上底 + 下底的和。因为平行四边形的面积 = 底×高，所以，拼成的平行四边形的面积 =（上底 + 下底）× 高。

我们知道，平行四边形是由 2 个全等梯形拼接而成的，所以，1 个梯形的面积就等于平行四边形面积的一半，即梯形面积 =（上底 + 下底）× 高 ÷2。由此，例 4 中梯形的面积 =（3 + 6）× 4 ÷ 2 = 18 平方厘米。

（5）"菱形面积 = 对角线 × 对角线 ÷2"成立的原理

4 条边都相等的四边形，叫作菱形。另外，在四边形中，连接不相邻两个顶点的线段，叫作对角线。

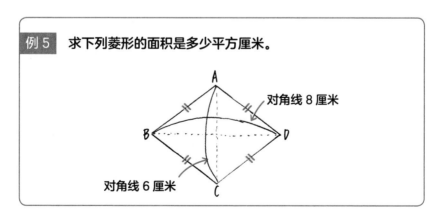

例 5　求下列菱形的面积是多少平方厘米。

对角线 8 厘米

对角线 6 厘米

例题中菱形的面积为"对角线×对角线÷2 = 6×8÷2 = 24平方厘米"。可是，为什么菱形的面积可以用"对角线×对角线÷2"的公式来求呢？下面我就为大家讲解这个公式的推导过程。

在菱形中有一个性质："两条对角线以直角相交。"例5中的菱形，两条对角线AC和BD把菱形分成了4个全等的直角三角形，如下图所示：

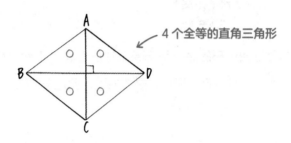

如果在这个菱形的外侧，再拼接4个全等的直角三角形的话，就形成了下图中的长方形EFGH。

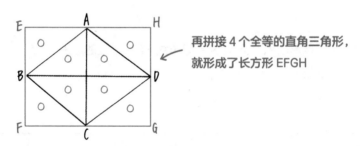

长方形EFGH（=8个直角三角形）的面积 =（菱形的）对角线×对角线。另一方面，菱形（=4个直角三角形）的面积 = 长方形EFGH面积的一半，因此，菱形面积 = 对角线×对角线÷2。也就是说，例5中菱形的面积为：

6×8÷2 = 24平方厘米。

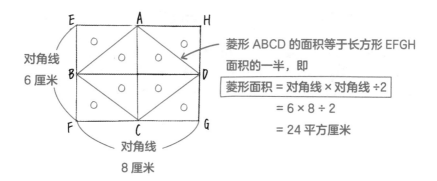

菱形 ABCD 的面积等于长方形 EFGH 面积的一半，即

菱形面积 = 对角线 × 对角线 ÷2
= 6 × 8 ÷ 2
= 24 平方厘米

前面，我们学习了长方形、正方形、平行四边形、梯形、菱形面积公式的推导原理。

在小学数学考试中，只要知道这些图形的面积公式，即使不了解公式的推导过程，也可以利用公式求出这些图形的面积。但是，如果能教孩子理解这些面积公式成立的原理，就能帮助孩子更加深刻地理解面积的求法，也能培养孩子从根本上思考问题的能力。

三角形的面积公式为什么是 "底 × 高 ÷ 2"？

三角形的面积公式为"底 × 高 ÷ 2"。在下图的三角形中，如果以 BC 为底边的话，那么过 A 点垂直于 BC 的线段 AD 的长度，就是底边 BC 对应的高。

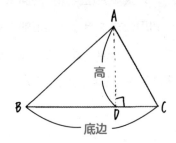

下面我们来看一道例题：

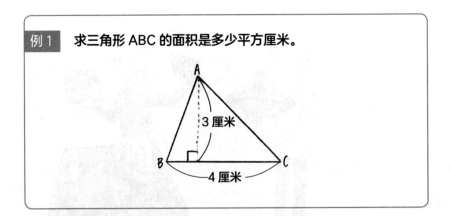

> **例 1** **求三角形 ABC 的面积是多少平方厘米。**

在这道例题中，三角形 ABC 的面积为"底 × 高 ÷2＝ 4 × 3 ÷ 2 ＝ 6 平方厘米"。可是，为什么三角形的面积可以用"底 × 高 ÷2"的公式来求呢？下面我就为大家讲解这个公式的推导过程。

我们为例 1 中的三角形 ABC 复制一个和它全等的三角形 ACD，然后按下图的样子把两个三角形拼接在一起，就得到了平行四边形 ABCD。

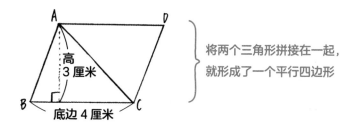

将两个三角形拼接在一起，就形成了一个平行四边形

前面我们证明过，平行四边形的面积公式为"底×高"，所以，平行四边形 ABCD 的面积为 4 × 3 = 12 平方厘米。又因为三角形 ABC 的面积是平行四边形 ABCD 面积的一半，因此，三角形 ABC 的面积为 4 × 3 ÷ 2 = 6 平方厘米。由此可见，三角形的面积公式为"底×高÷2"。

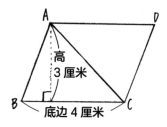

平行四边形 ABCD 的面积 = 底×高 = 4 × 3

$$= 12 \text{ 平方厘米}$$

三角形 ABC 的面积 = 底×高 ÷2

$$= 4 × 3 ÷ 2$$

$$= 6 \text{ 平方厘米}$$

接下来我们再来看一道例题：

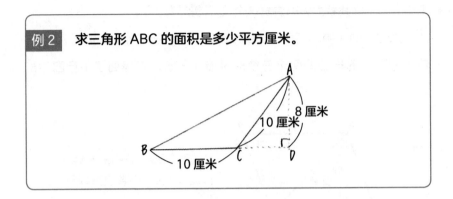

例2　求三角形 ABC 的面积是多少平方厘米。

在例 2 的三角形 ABC 中，如果把 BC 看作底边的话，那对应的高在哪里呢？对于这样的钝角三角形，我们要先作底边 BC 的延长线，顶点 A 到 BC 延长线的垂线段 AD 的长度，就是 BC 边对应的高（8厘米）。根据三角形面积公式"底 × 高 ÷2"，所以三角形 ABC 的面积为 10 × 8 ÷ 2 = 40 平方厘米。

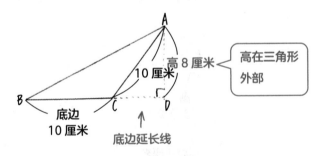

对钝角三角形来说，底边对应的高在三角形外部，这一点一定要提醒孩子注意。对例 2 这道题来说，有不少孩子把 AC 当作 BC 边的高，但是，AC 和 BC 并不垂直，所以是错误的。

在三角形中，底边（或底边延长线）和高一定是垂直相交的。

为什么三角形的内角和是 180 度?

内角，是多边形相邻的两条边组成的角，通俗地讲，就是图形内侧的角。我们都学过，三角形的内角和是 180 度，可有人记得为什么吗？接下来我就用小学的说明方法为大家讲解。

【给小学生讲解，为什么三角形的内角和是 180 度】

（1）在纸上画一个三角形，然后把这个三角形剪下来。我们把这个三角形叫作 A。

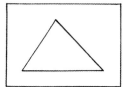

在纸上画一个三角形　　　　　　把这个三角形剪下来

（2）把三角形 A 的三个角剪下来或撕下来，保存好。然后如下图所示，把这三个角拼在一起。正好可以拼出一条直线，即构成了一个平角，而平角是 180 度，所以三角形的内角和为 180 度。

将三个角撕下来

将三个角收集到一起，拼起来，
可以构成一个平角（180 度）
↓
所以三角形的内角和是 180 度

第 **6** 章　解决平面图形中的 "?"　　133

但是，这种方法只是说明三角形的内角和是 180 度，并不是证明它。我为什么这么说？因为这种说明方法，只能说明三角形 A 的内角和是 180 度，至于其他三角形的内角和是不是 180 度，我们就不敢说了。

为了证明三角形的内角和是 180 度，我们需要初中数学的知识。在初中数学中，使用同位角、内错角的性质，对三角形内角和是 180 度有进行如下证明。

【给中学生证明，为什么三角形的内角和是 180 度】

任意三角形 ABC，如下图所示，该三角形的内角分别是∠a、∠b、∠c。

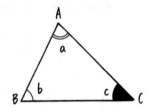

如下图所示，过 C 点，作一条平行于 AB 的直线 CD，将 BC 边延长至 CE。于是，∠ACD= ∠a'，∠ DCE= ∠b'。

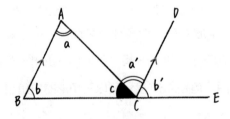

BA 和 CD 平行，因为平行线间内错角相等，所以∠a= ∠a'。另外，因为平行线间同位角相等，所以∠b= ∠b'。

因此，∠a+ ∠b+ ∠c= ∠a' + ∠b' + ∠c=180 度

由此可证，三角形的内角和为 180 度。

这一证明，适用于所有三角形（在一个平面内绘制的三角形），因此所有三角形的内角和都是 180 度。

对小学生来说，能够理解前一种说明就可以了，但是上了初中之后，就必须掌握后一种证明方法了。

□边形的内角和为什么是"180×（□-2）"？

五年级

三角形、四边形、五边形等直线围成的图形叫作多边形。多边形的内角和，可以用下列公式来求。

【多边形内角和公式】

□边形的内角 = 180×（□-2）

利用这个公式，我们可以求出任意多边形的内角和，下面举几个例子：

三角形内角和 = 180 ×（3 - 2）= 180 × 1 = 180 度

四边形内角和 = 180 ×（4 - 2）= 180 × 2 = 360 度

五边形内角和 = 180 ×（5 - 2）= 180 × 3 = 540 度

六边形内角和 = 180 ×（6 - 2）= 180 × 4 = 720 度

那么，为什么□边形的内角和可以通过"180 ×（□ - 2）"这个公式来求呢？我们来分析一下其中的原理。前一节我们学习了三角形内角和为 180 度的推导过程。所以，下面就不再求三角形的内角和了，这次我们来分析其他多边形的内角求和方法。

从多边形的一个顶点向其他顶点作对角线后，可以将多边形分成若干个三角形，如下页图所示：

数学原来可以这样学 小学篇

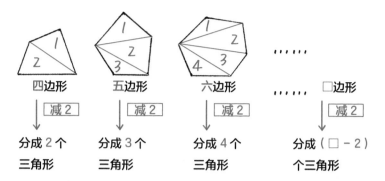

四边形　　五边形　　六边形　　……　□边形

| 减2 | 减2 | 减2 | 减2 |

分成 2 个　　分成 3 个　　分成 4 个　　分成（□ - 2）
三角形　　　三角形　　　三角形　　　个三角形

通过引对角线，四边形可以被分为 2 个三角形，五边形可以被分为 3 个三角形，六边形可以被分为 4 个三角形。

由此可见，任意多边形，都可以被对角线分为"边数 −2"个三角形。也就是说，□边形，可以被分为（□ - 2）个三角形。

因为三角形的内角和为 180 度，所以，□边形的内角和就可以通过 180 ×（□ - 2）求得。

我们来看一个例子，一个五边形，加对角线后，可以被分为 5 - 2 = 3 个三角形。这 3 个三角形共有 9 个内角，我分别用 A ～ I 的英语字母表示这 9 个内角，如下图所示：

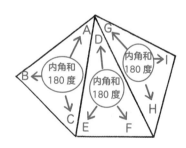

三角形的内角和为 180 度，所以"A + B + C = 180 度""D + E + F = 180 度""G + H + I = 180 度"。

而五边形的内角和是 A ～ I 这 9 个角相加的和，即 180 ×（5 - 2）= 540 度。

关于多边形的内角和，我们再看一道例题：

例 请回答下列两个问题：

（1）九边形的内角和是多少度？

（2）正六边形的一个内角是多少度？

先求问题（1），根据多边形内角和公式：□边形内角和 = 180 × （□ - 2），可得：

九边形内角和 = 180 × （9 - 2） = 1260 度。

再求问题（2），我们先求正六边形的内角和，根据多边形内角和公式：□边形内角和 = 180 × （□ - 2），可得：正六边形内角和 = 180 × （6 - 2） = 720 度。

另外，因为正六边形每个内角的大小都是相等的，所以每个内角的角度就是：720 ÷ 6 = 120 度。

以上就是有关多边形内角和的问题。多边形内角和公式为什么成立？通过前面的学习，相信您已经能够给孩子讲明白了。

圆的周长公式为什么是"直径 ×圆周率"？

在一个平面上，一个动点以一个定点为中心，以一定长度为距离而运动了一周的轨迹，叫作圆周，简称圆。圆周的长度叫作圆的周长，圆的周长公式为"圆周长 = 直径 ×圆周率"。圆周率 3.14159265……，是一个无限不循环小数，在小学算术中，我们只取近似值 3.14 即可。下面先看一道例题：

例 求下图中圆的周长是多少厘米。圆周率取 3.14。

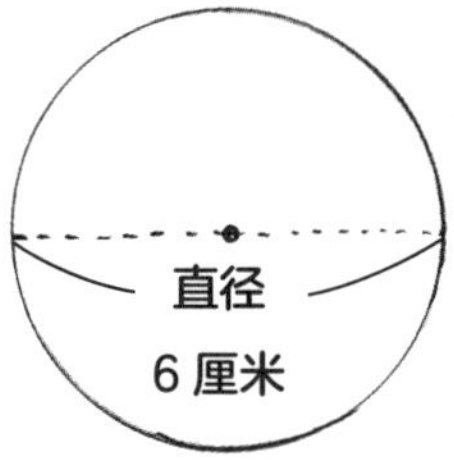

直径

6 厘米

根据公式：圆周长 = 直径 ×圆周率，可得：

6 × 3.14 = 18.84 厘米

可是，为什么圆的周长可以用"直径 ×圆周率"这个公式来求呢？从结果上来看，可以说这是由"圆周率"这个词本身的含义决定的。

"什么意思？"估计听了这句话，大部分孩子还是不明白圆周长公式的由来。首先，我们先来了解一下圆周率的含义。圆周率是一个表示圆的周长是直径多少倍的倍数。

也就是说，"圆周率＝圆周长÷直径"。把这个除法算式转换为乘法算式的话就是"圆周长＝直径×圆周率"。

所以，面对"圆的周长为什么可以用'直径×圆周率'的公式来求"这个问题，面向大人回答的时候可以说："这是由'圆周率'的定义决定的。"（"定义"这个词，会在初中数学中学到）但面向孩子回答的时候，说"定义"这个词可能更加让他们摸不着头脑，所以可以说："这是由'圆周率'这个词本身的含义决定的。"

数学的世界，本身就是建立在人为定义的一些术语的基础之上的。比如，"圆周率"就是人为定义的一个术语。再举个例子，如果有人问："为什么三条直线围成的图形就是三角形？"我们可以回答："数学中就是这样规定的。"同样，当有人问："为什么圆的周长可以用'直径×圆周率'的公式来求？"我们同样可以回答"数学中就是这样规定的"或者"这是由'圆周率'这个词本身的含义决定的"。

在数学的世界里，以"数学中就是这样规定的"来回答孩子，其实并不算一种敷衍，这种回答对小学生来说也是有意义的，因为可以提前让他们在头脑中建立对"定义"的初步概念。等到初中学"定义"这个词的时候，他们就不会那么陌生了。

圆的面积公式为什么是"半径 × 半径 × 圆周率"?

六年级

在求圆的面积时,我们可以利用如下公式: "圆的面积 = 半径 × 半径 × 圆周率"。我们先来看一道例题:

例 **求下图中圆的面积是多少平方厘米。圆周率取 3.14。**

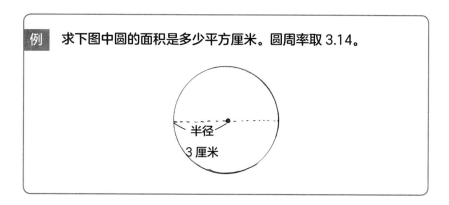

根据圆的面积公式"圆的面积 = 半径 × 半径 × 圆周率",可得:

$3 × 3 × 3.14 = 28.26$ 平方厘米

为什么求圆的面积时,可以使用"半径 × 半径 × 圆周率"这个公式呢? 我们来分析一下这个公式成立的理由。

举个例子,我们把一个圆平均分成 12 等份,按照下图的样子,把这 12 等份拼接在一起。

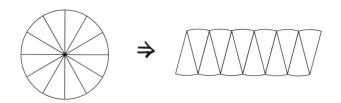

第**6**章 解决平面图形中的"?" 141

接下来，我们再把一个圆平均分成 18 等份，按照下图的样子，把这 18 等份拼接在一起。

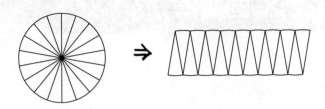

最后，我们把一个圆平均分成 36 等份，按照下图的样子，把这 36 等份拼接在一起。

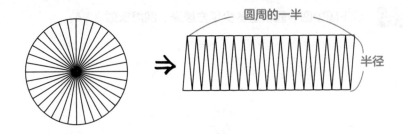

从图中我们可以看出，等分的份数越多，拼接起来的图形越接近长方形。

我们来看把圆等分成 36 份再拼接起来的图形，这个近似于长方形的图形，宽就是圆的半径，长是圆周长的一半。根据长方形的面积公式"长方形面积 = 宽 × 长"，可得：

圆的面积 ＝ 半径 × 圆周长 ÷2

　　　　　　↑　　　　　↑

　　　长方形的宽　　 长方形的长

即"圆的面积 = 半径 × 圆周长 ÷2"。

请大家回忆圆的周长公式，"圆周长 = 直径 × 圆周率"。因为"直径 = 半径 ×2"，所以，"圆周长 = 半径 ×2× 圆周率"。把这个等式代入"圆的面积 = 半径 × 圆周长 ÷2"，可得：

圆的面积 = 　半径 × 圆周长　÷2

$$\downarrow$$

圆的面积 = 　半径 × 半径 × 2 × 圆周率　÷2

　　　　　 = 　半径 × 半径 × 圆周率

　　由此，我们推导出："圆的面积 = 半径 × 半径 × 圆周率"。我反复强调过，在学习数学的时候，不要死记硬背公式，而是要明白公式推导的过程。所以，圆的面积公式的推导过程，大家一定要熟练掌握。

3.14（圆周率）的乘法，怎么算才简单？

六年级

在求圆的周长和面积时，一定躲不开圆周率（3.14）的乘法计算。带 3.14 的乘法，计算起来稍微有点麻烦，不少学生对此很头疼，甚至一看到 3.14 就产生畏难情绪。那么，有没有简便一点的算法呢？我们先来看一道例题：

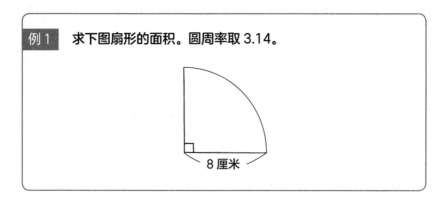

例1 **求下图扇形的面积。圆周率取 3.14。**

8 厘米

如图所示，扇形是圆形的一部分。例 1 中的扇形，是半径 8 厘米的圆的 $\dfrac{1}{4}$，所以，扇形的面积就是圆面积的 $\dfrac{1}{4}$。求扇形的面积，列式如下：

$$\underline{8 \times 8 \times 3.14} \times \underline{\dfrac{1}{4}}$$

半径 8 厘米的圆的面积　　乘 $\dfrac{1}{4}$

计算的时候，我们可以按部就班地从左到右依次计算，如下所示：

数学原来可以这样学　小学篇

$$8 \times 8 \times 3.14 \times \frac{1}{4}$$

$$= 64 \times 3.14 \times \frac{1}{4}$$ 先计算 8 × 8

$$= 200.96 \times \frac{1}{4}$$ 再计算 64 × 3.14

$$= 200.96 \div 4$$ 把 $\times \frac{1}{4}$ 转换为 ÷4

$$= \underline{50.24（平方厘米）}$$

这样算的话，要计算 64 × 3.14 = 200.96，还要计算 200.96 ÷ 4 = 50.24，略嫌麻烦，也容易出错。在连乘的计算中，有一个性质"交换乘数的顺序，结果不变"，即"乘法交换律"，我们可以利用乘法交换律，让计算变得简单一点，如下所示：

$$8 \times 8 \times 3.14 \times \frac{1}{4}$$ 利用乘法交换律

$$= 8 \times 8 \times \frac{1}{4} \times 3.14$$ 先计算 $8 \times 8 \times \frac{1}{4}$

$$= 16 \times 3.14$$ 把 3.14 的乘法放在最后计算

$$= \underline{50.24（平方厘米）}$$

我们可以发现，利用乘法交换律，"先计算 3.14 之外的乘法，最后再乘 3.14"，就会让计算简单一些。接下来，我们再看一道例题：

例2 下图是一个直角扇形和半圆的组合图形，求这个组合图形的面积。

圆周率取 3.14。直角扇形是所在圆的 $\frac{1}{4}$，半圆是所在圆的 $\frac{1}{2}$。

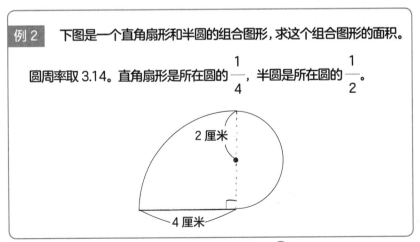

2 厘米

4 厘米

经过分析我们发现，这道题是求一个半径为 4 厘米的直角扇形的面积和半径为 2 厘米的半圆形的面积的和。列式如下：

$$4 \times 4 \times 3.14 \times \frac{1}{4} + 2 \times 2 \times 3.14 \times \frac{1}{2}$$

半径为 4 厘米的直角扇形的面积　半径为 2 厘米的半圆形的面积

如果利用前面介绍的乘法交换律进行计算的话，过程如下：

$$4 \times 4 \times 3.14 \times \frac{1}{4} + 2 \times 2 \times 3.14 \times \frac{1}{2}$$

利用乘法交换律

$$= 4 \times 4 \times \frac{1}{4} \times 3.14 + 2 \times 2 \times \frac{1}{2} \times 3.14$$

$$= 4 \times 3.14 + 2 \times 3.14$$

$$= 12.56 + 6.28$$

$$= 18.84（平方厘米）$$

这样计算的话，需要计算 4 ×3.14 = 12.56、2× 3.14 = 6.28、12.56 + 6.28 = 18.84，不但麻烦，而且容易出错。像这道题的计算，我们可以把之前学过的"乘法分配律"反过来使用。

乘法分配律我们在第二章（P22）学过，具体如下：

$$（ \bigcirc + \triangle ） \times \square = \bigcirc \times \square + \triangle \times \square$$

我们把这个等式左右颠倒一下，就叫作"乘法分配律的逆向使用"。

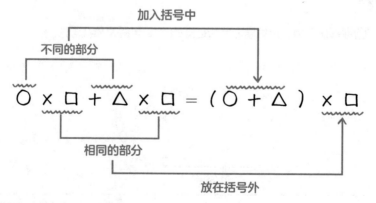

"乘法分配律的逆向使用"，简单地说，就是把相同的部分放在括号外，不同的部分加入括号中。我们利用"乘法分配律的逆向使用"计算例2，就会简单很多，如下所示：

$$4 \times 4 \times \underline{3.14} \times \frac{1}{4} + 2 \times 2 \times \underline{3.14} \times \frac{1}{2}$$

把相同的部分放在括号外

$$= \left(4 \times 4 \times \frac{1}{4} + 2 \times 2 \times \frac{1}{2} \right) \times 3.14$$

$$= (4 + 2) \times 3.14$$

$$= 6 \times 3.14$$

$$= 18.84 \text{（平方厘米）}$$

由此可见，当需要多次计算3.14的乘法时，我们可以利用"乘法分配律的逆向使用"，把3.14提取出来，放在最后计算，只需计算一次3.14的乘法，相对就简单多了。

前面我们看了有关圆周率乘法的简便计算方法，主要有两种类型：一是"把3.14的乘法放在最后计算"，二是"乘法分配律的逆向使用"。稍微变形，就可以让计算简便不少，既可以节省时间，又可以减少出错的概率。

什么是放大图和缩小图？

在日本小学六年级的数学教科书中，有一个单元叫作"放大图和缩小图"。这一单元学习的内容是为初中要学的"相似"做铺垫。

那么，到底什么是放大图和缩小图呢？本节就将为您讲解。

将四边形 ABCD 的所有边都扩大为原来的 2 倍，得到一个四边形 EFGH。

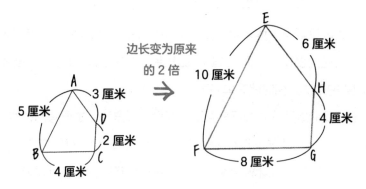

这时，我们就把四边形 EFGH 看作四边形 ABCD 的"2 倍放大图"（所有边长变为原来的 3 倍的话，就变成了 3 倍放大图）。所谓放大图，就是把某一图形，保持原来的形状进行放大得到的图形。

反过来，四边形 ABCD 是四边形 EFGH 的"$\dfrac{1}{2}$ 缩小图"。所谓缩小图，就是把某一图形，保持原来的形状进行缩小得到的图形。

总结一下，"四边形 EFGH 是四边形 ABCD 的 2 倍放大图"，"四边形 ABCD 是四边形 EFGH 的 $\dfrac{1}{2}$ 缩小图"。

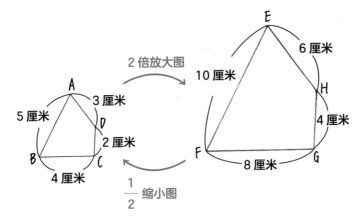

举个例子，四边形 ABCD 的角 C 和四边形 EFGH 的角 G 是相对应的，这时我们可以说"角 C 的对应角是角 G"。放大图和缩小图之间有一个性质——"对应角大小相等"。

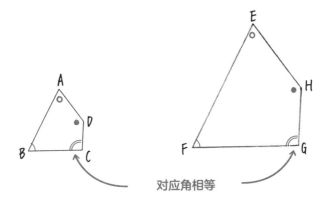

对应角相等

其实，在我们的日常生活中，也经常会用到放大图和缩小图。

具有代表性的例子就是"复印机"。

我们在使用复印机复印资料的时候，会在机器上设置"倍率"。例如，当我们把倍率设置为"150%"时，复印出来的就是"1.5 倍放大图"。

反之，如果把倍率设定为"50%"的话，那么复印出来的就是"$\frac{1}{2}$ 缩小图"。

在给孩子讲解放大图和缩小图的时候，以复印机作为实例，可以帮助孩子更加形象、具体地进行理解。可以事先在一张纸上画一个图形，然后让孩子用复印机复印这张纸上的图形，倍率让他们自己设定。最后让他们观察自己复印出的放大图和缩小图。

结果，孩子们应该可以发现放大图和缩小图之间存在两个性质：一、"图形的所有边长都按照相同的比例放大或缩小"；二、"放大图和缩小图的对应角大小相等"。

另外，我们常用的地图，就是一种缩小图。

为什么这么说？因为地图就是把地球上实际土地、海洋的形状进行等比例缩小得到的图。

而且，在地图的边角上，都会有"1∶25000"或"$\dfrac{1}{25000}$"之类的数字标记，不知您发现没有。这个数字标记叫作"比例尺"（比实际长度缩小的比例）。以"1∶25000"为例，就是说地图是把实际距离的"1"缩小为"$\dfrac{1}{25000}$"。

举个例子，在比例尺为"1∶25000"的地图上 10 厘米的长度，在实际中表示多少千米的长度呢？

对于这个问题，求法如下：

10 × 25000 = 250000 厘米 → 2500 米 → 2.5 千米

由此可得，在比例尺为"1∶25000"的地图上，10 厘米的长度，在实际中是 2.5 千米的长度。

我们在实际生活中常用的地图、复印机，其实就包含着数学原理，可见，数学和生活是密不可分的。

什么是轴对称和中心对称?

轴对称、中心对称,从字面上看,很多孩子不容易理解它们的内涵。"对称"这个词在我们的生活中使用的场景不多,一般人们最多听过"左右对称"的说法。

所谓"对称",通俗地讲就是图形中相应的部分完全一样。那么,轴对称和中心对称又分别是什么意思呢?

我们先来看轴对称。举个例子,在下图中,按照直线 AB 将图中五角星进行折叠的话,直线 AB 两侧的部分可以完全重合。这样的图形,就叫作轴对称图形。而那道折痕,即直线 AB,就叫作这个图形的对称轴。

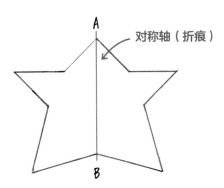

对称轴(折痕)

接下来我们来看什么是中心对称。举个例子,让下图以点 O 为中心,旋转 180 度,结果和原来的图形完全重合。这样的图形,就叫作中心对称图形。点 O 就是该图形的对称中心。

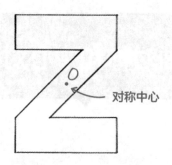

对称中心

不知大家发现没有，轴对称和中心对称有一个共同点，那就是"完全重合"。

在教孩子轴对称和中心对称时，帮助孩子理解"对应"的含义非常重要。其实，对小学生来说，告诉孩子"对应"是"完全重合"的意思就可以了。

在明白了轴对称和中心对称的含义之后，我们来看两道例题。

例1 **下图是一个轴对称图形，直线 ab 是其对称轴。请回答下列问题。**

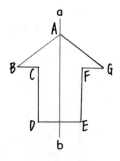

（1）与 D 点相对应的点是哪一个？

（2）与 CD 边相对应的边是哪一条？

（3）与角 G 相对应的角是哪一个？

先看问题（1）。前面讲了，"对应"的意思就是"完全重合"。

所以，"与 D 点对应的点"，就是"沿直线 ab（对称轴）折叠图形的时候，与 D 点完全重合的点"。经过观察，我们发现与 D 点对应的点是E 点。

再看问题（2）。"与 CD 边对应的边"是指"沿直线 ab（对称轴）折叠图形的时候，与 CD 边完全重合的边"。经过观察，我们发现这道题的答案是FE 边。但有一点要注意，作答的时候不要把 F 和 E 颠倒过来，写成 EF 边。因为 C 点对应的点是 F，D 点对应的点是 E，所以 CD 边对应的边应该是 FE 边。

来到问题（3）。"与角 G 对应的角"，是指"沿直线 ab（对称轴）折叠图形的时候，与角 G 完全重合的角"。经过观察，我们发现，这道题的答案是角 B。

接下来，我们看中心对称的例题。

例 2 下图中的平行四边形是以 O 点为对称中心的中心对称图形。请回答下列问题。

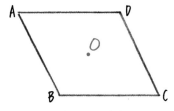

（1）与点 B 相对应的点是哪一个？

（2）与 AD 边相对应的边是哪一条？

（3）与角 C 相对应的角是哪一个？

先看问题（1），在中心对称中，"对应"也是"完全重合"的意思。

所以，"与点 B 对应的点"，是指"以 O 点为中心把平行四边形旋转 180 度后，与 B 点完全重合的点"。按照这个要求，经过观察，我们发现（1）的答案是 D 点。

问题（2），"与 AD 边对应的边"，是指"以 O 点为中心把平行四边形旋转 180 度后，与 AD 边完全重合的边"。根据这个要求，经过观察，我们发现（2）的答案是 CB 边。但有一点要注意，在作答的时候，不能把 C 和 B 颠倒过来写成"BC 边"。因为点 A 对应的是点 C，点 D 对应的是点 B，所以应该按照顺序写成"CB 边"。

问题（3），"与角 C 对应的角"，是指"以 O 点为中心把平行四边形旋转 180 度后，与角 C 完全重合的角"。根据这个要求，经过观察，我们发现（3）的答案是角 A。

通过这一小节的学习，父母应该帮孩子熟练掌握轴对称、中心对称、对应的概念。

第 **7** 章

解决立体图形中的

" **?** "

长方体的体积公式为什么是"长 × 宽 × 高"?

容积和体积有什么区别?

正方体的展开图有多少种?

如何求棱柱体和圆柱体的体积?

长方体的体积公式为什么是 "长×宽×高"？

五年级

仅由正方形围成的立体形状（例如骰子），叫作 正方体。仅由长方形，或由长方形和正方形围成的立体形状（例如抽纸巾的盒子），叫作 长方体。

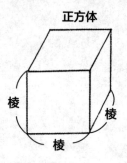

正方体

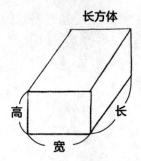

长方体

立体形状的大小，叫作 体积。

在小学数学中常见的体积单位是 立方厘米（cm³）。棱长为 1 厘米的正方体的体积就是 1 立方厘米。

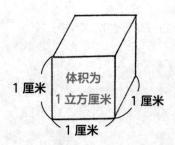

长方体的体积 = 长×宽×高

正方体的体积 = 棱长×棱长×棱长

我们来看看长方体和正方体体积公式的推导过程。

156 数学原来可以这样学 小学篇

（1）"长方体的体积＝长×宽×高"成立的理由

例 1 求下图中长方体的体积。

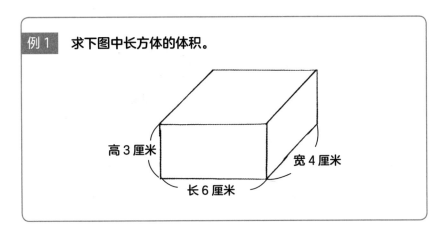

要求这个长方体的体积，我们可以利用公式"长×宽×高＝6×4×3＝72立方厘米"求出结果。但是，为什么"长方体的体积＝长×宽×高"呢？下面我们就来学习一下这个公式的推导过程。

首先，将例1中的长方体分割成若干个棱长为1厘米的小正方体，如下图所示：

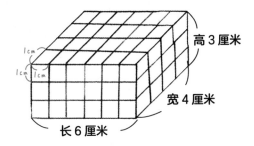

前面讲过"棱长为1厘米的正方体，体积为1立方厘米"。要求例1中长方体的体积，只要求出这个长方体包含多少个棱长为1厘米的小正方体（体积为1立方厘米）就可以了。我们先把目光放在长方体最下面一层上。

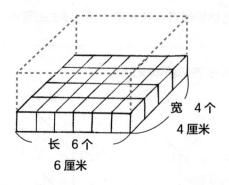

我们计算一下，最下面一层中包含多少个棱长为 1 厘米的小正方体。长的方向上排列了 6 个小正方体，宽的方向上排列了 4 个小正方体，那么，这一层一共有 6 × 4 = 24 个小正方体。

长方体的高的方向上可以排列 3 个小正方体，也就是说，高的方向上可以排列 3 层，而每层有 24 个小正方体，那么，一共有 24 × 3 = 72 个小正方体。也就是说，长方体的体积是 72 立方厘米。

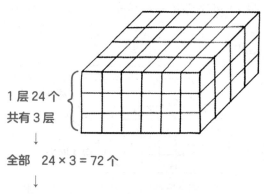

1 层 24 个
共有 3 层
↓
全部　24 × 3 = 72 个
↓
72 立方厘米

"棱长为 1 厘米的正方体体积为 1 立方厘米"，而例 1 中的长方体一共包含了 72 个这样的小正方体，所以该长方体的体积为 72 立方厘米。长方体的长、宽、高方向所排列的小正方体个数（6 个、4 个、3 个）和长、宽、高各自的长度（6 厘米、4 厘米、3 厘米）是相同的。所以，长方体体积 = 长 × 宽 × 高。

（2）"正方体体积 = 棱长 × 棱长 × 棱长"成立的理由

例2　求下图中正方体的体积。

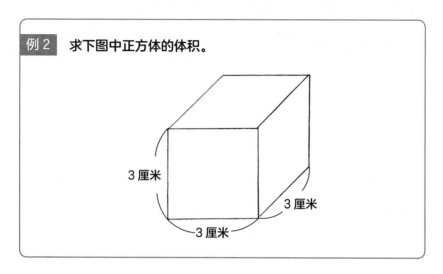

这个正方体的体积可以用正方体体积公式"棱长 × 棱长 × 棱长 = 3 × 3 × 3 = 27 立方厘米"求得。那么，为什么"正方体的体积 = 棱长 × 棱长 × 棱长"呢？这个公式的推导过程和长方体体积公式的推导过程一样。把例 2 中的正方体分割成若干个棱长为 1 厘米的小正方体，如下图所示：

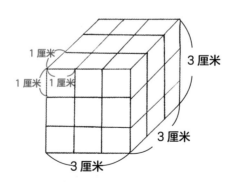

按照之前的方法，我们可以算出这个正方体中一共包含 3 × 3 × 3 = 27 个小正方体。于是，可以求出该正方体的体积为 27 立方厘米。也就是说，"正方体的体积 = 棱长 × 棱长 × 棱长"。

容积和体积有什么区别?

如果孩子问您: "容积和体积到底有什么不同?"您会回答吗?

所谓容积,是指容器中所能容纳的物体的体积。而体积,是指物体的大小。可是,只给孩子讲定义的话,恐怕孩子也难以具体地理解二者的区别。那么,该怎么给孩子解释才好呢?我们先来看一道例题。

例 **观察下图中的容器,回答后面的问题。**

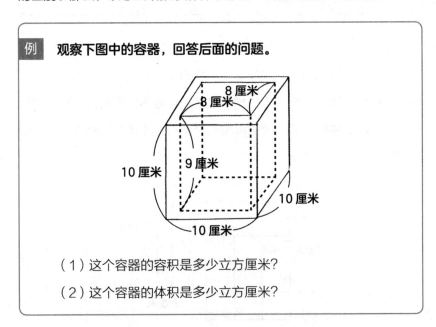

(1)这个容器的容积是多少立方厘米?

(2)这个容器的体积是多少立方厘米?

首先,我们先看问题(1),求这个容器的容积。前面讲了,所谓容积,是指容器所能容纳的物体的体积。举例来说,向这个容器中注满水,水的体积就是容器的容积。

经过观察我们可以发现,这个容器的内部,是一个长 8 厘米、宽 8

厘米、高9厘米的长方体。这个长方体的体积就是该容器的容积。所以，它的容积 =8×8×9 = 576 立方厘米。

接下来看问题（2），求这个容器自身的体积。所谓体积，就是物体的大小。这道题就是求这个容器自身的大小。

通过观察我们可以发现，这个容器的外侧是一个棱长为 10 厘米的正方体，所以，这个容器的体积，只需用棱长为 10 厘米的正方体体积减去它的容积即可，即 10 × 10 × 10 – 576 = 424 立方厘米。

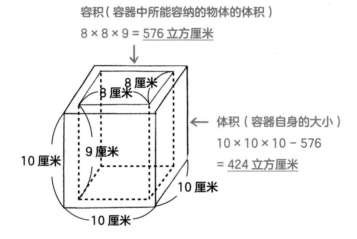

容积（容器中所能容纳的物体的体积）
8 × 8 × 9 = 576 立方厘米

体积（容器自身的大小）
10 × 10 × 10 – 576
= 424 立方厘米

8 厘米
8 厘米
9 厘米
10 厘米
10 厘米
10 厘米

通过这道例题（有厚度的容器），就可以帮孩子区分容积和体积了。如果遇到孩子问："容积和体积到底有什么不同？"您就可以拿出这道例题给他们讲解了。

正方体的展开图有多少种？

四年级

所谓展开图，是将立体图形的表面展开，摊平在一个平面上得到的图形。举个例子，下面的展开图组合起来，就可以得到一个正方体。

关于正方体的展开图，我们来看一道例题。

例1 **看你最多能画出几种正方体的展开图。不过旋转、颠倒后能够重合的，只能算一种。**

这是一个锻炼空间想象能力的"头脑体操"，请大家拿起笔在纸上画一画。您有孩子的话，可以和孩子进行一场比赛，看谁画得多。

我先说结果，正方体的展开图一共有 11 种，可以分为 4 个类型。

【1 − 4 − 1 型】

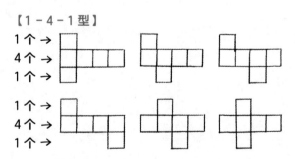

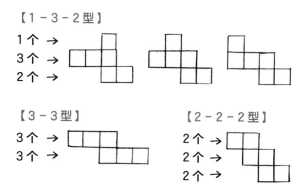

【1－3－2型】

1个 →
3个 →
2个 →

【3－3型】

3个 →
3个 →

【2－2－2型】

2个 →
2个 →
2个 →

以上 11 种展开图，就是例 1 的全部答案。经过分类整理，我们可以将这 11 种正方体展开图分为 4 个类型："1-4-1 型""1-3-2型""3-3 型""2-2-2 型"。

一定要让孩子熟记 1-4-1、1-3-2、3-3、2-2-2 这一组数字。

当孩子了解正方体展开图一共有 11 种，可以分为 4 个类型之后，遇到下面的问题，孩子马上就能给出答案。

例 2 **将下列展开图组合起来，能否构成一个正方体？**

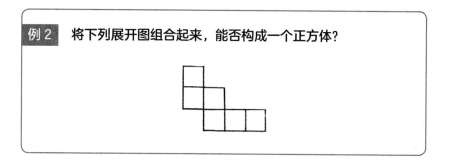

我们来分析一下这个展开图，它属于"1－2－3 型"。

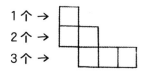

1个 →
2个 →
3个 →

可是，在前面学过的 4 个类型中，并没有"1－2－3 型"（或"3－2－1 型"）。由此可以判断，例 2 中的展开图组合起来不能构成正方体。当然，我们也可以采用"笨办法"，在头脑中将那个展开图进行组合，凭借自己的空间想象力判断它能否构成一个正方体。不过相比之下，还是借助 4 个展开图类型进行对比分析，更加准确而且省时。

如何求棱柱体和圆柱体的体积?

六年级

下图中，左侧的叫棱柱体，右侧的叫圆柱体。

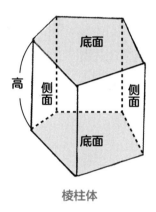

棱柱体

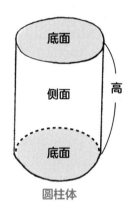

圆柱体

在棱柱体和圆柱体中，上下相对的两个面叫作底面。一个底面的面积，叫作底面积。另外，棱柱体侧面的长方形（或者正方形），叫作侧面。圆柱体周围的曲面，也叫作侧面。

如果一个棱柱体的底面是三角形，那么这个棱柱体就叫作三棱柱；如果棱柱体的底面是四边形，那么这个棱柱体就叫作四棱柱；如果棱柱体的底面是五边形，那么这个棱柱体就叫作五棱柱。由此可见，棱柱体根据底面的形状，有不同的名称。

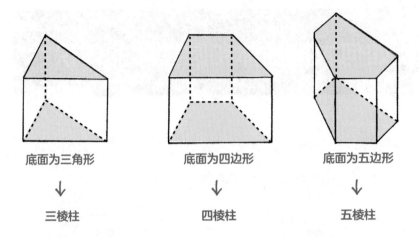

底面为三角形 → 三棱柱

底面为四边形 → 四棱柱

底面为五边形 → 五棱柱

那么，棱柱体和圆柱体的体积该怎么求呢？请先看下面的例题。

例1 求下图中长方体（四棱柱）的体积。

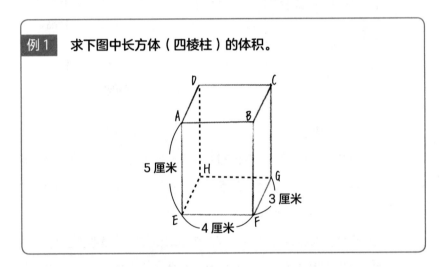

例 1 是一道求长方体体积的题。因为长方体是棱柱体的一种——四棱柱，所以这也是一道求四棱柱体积的题。

前面我们学过，长方体体积 = 长 × 宽 × 高。所以例 1 中长方体（四棱柱）的体积为：

$$4 × 3 × 5 = 60 \text{ 立方厘米}$$

我们换一种角度来思考，请大家看下图，关注最下方高度为 1 厘米的部分。

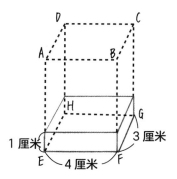

这一部分是一个高度为 1 厘米的长方体（四棱柱），它的体积为 4 ×
3 × 1 = 12 立方厘米。我们还知道，将 5 个这样的长方体（四棱柱）叠
在一起，就形成了例 1 中的那个长方体（四棱柱）。所以，例 1 中长方
体（四棱柱）的体积 =12 × 5 = 60 立方厘米。

当我们把 EFGH 看作这个四棱柱的底面时，底面积为 4 × 3 = 12
平方厘米。

由此可见，高为 1 厘米的四棱柱的体积（ 12 立方厘米 ）和底面积（ 12
平方厘米 ）数字相同，都是 12。

而且，在所有棱柱体和圆柱体中，高为 1 厘米的那个小棱柱体或圆
柱体的体积，跟底面积都是相同的数字。

由此可见，棱柱体和圆柱体的体积也可以用"底面积×高"来求。
以例 1 的四棱柱为例，底面积（底面 EFGH 的面积）为 4 × 3 = 12 平
方厘米，乘以高 5 厘米，就求出了这个四棱柱的体积：

12 × 5 = 60 立方厘米。

下面我们来做两道练习题，实际计算一下棱柱体和圆柱体的体积。

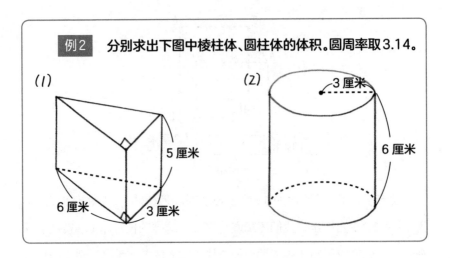

例2　分别求出下图中棱柱体、圆柱体的体积。圆周率取3.14。

(1)

5厘米

6厘米　3厘米

(2)

3厘米

6厘米

　　左图的棱柱体是三棱柱。底面是三角形，而且是直角三角形。三角形面积公式为"底×高÷2"，所以，这个三棱柱的底面积为 6 × 3 ÷ 2 = 9 平方厘米。

　　棱柱体的体积公式为"底面积×高"，所以，左图三棱柱的体积为 9 × 5 = 45 立方厘米。

　　右图为圆柱体，底面是圆形。圆形面积公式为"半径×半径×圆周率"，所以，这个圆柱体的底面积为 3 × 3 × 3.14 = 28.26 平方厘米。

　　圆柱体体积公式为"底面积×高"，所以，右图圆柱体体积为 28.26 × 6 = 169.56 立方厘米。

　　为了便于大家理解，我们来分步讲解、计算，先算底面积，再算体积。其实我们也可以列出连乘算式，直接计算体积。例如，右图圆柱体体积为 3 × 3 × 3.14 × 6。

　　在 P145 我讲过，在"乘法计算中，交换乘数的顺序，结果不变"。利用这一性质，我们可以把 3 × 3 × 3.14 × 6 的算式，进行如下变形：

$$\underset{\text{底面积}}{\underline{3 \times 3 \times 3.14}} \times \underset{\text{高}}{\underline{6}}$$

乘法算式中，乘数可以交换顺序

$$= 3 \times 3 \times 6 \times 3.14$$

先算 $3 \times 3 \times 6$

$$= \quad 54 \times 3.14$$

把 3.14 放在最后乘

$$= \quad 169.56 \,（立方厘米）$$

第**8**章

解决单位中的

"？"

什么是平均？

用谁除以谁？

如何记忆各种单位之间的关系？

如何熟练掌握单位的换算？

如何熟练掌握速度单位的换算？

算术专栏　挑战初中入学考试中的单位换算

什么是平均?

所谓平均,是把若干个数或量,均匀变成大小相等的数或量。这个概念对小学生来说,可能不太容易理解。

下面我们看一段亲子对话:

> 孩子:"妈妈,平均是什么意思?"
>
> 妈妈:"就是把若干个数或量,均匀变成大小相等的数或量。"
>
> 孩子:"怎么把几个数变成大小相等的数?"
>
> 妈妈:"这个……嗯……该怎么给你解释呢?"

妈妈把平均的概念准确地给孩子讲了,可是,孩子无法理解这样抽象的概念,当他反问妈妈的时候,妈妈也讲不清楚。那么,该如何帮助孩子更透彻地理解"平均"这个概念呢?

我们用若干个大小、形状相同的正方体(或长方体)积木来进行讲解,就形象多了,孩子们理解起来也没什么难度。请看下面的例题。

例1 如图所示,一共有 4 堆积木,如果对每一堆进行平均分配,让每一堆的积木数量相等,那么每一堆应该有几块积木?

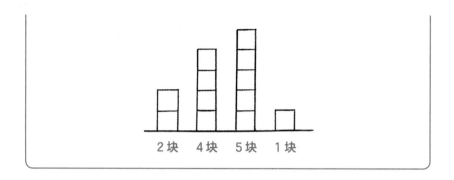

2块　4块　5块　1块

　　在给孩子讲解这道例题的时候，如果手边有类似的积木，可以让孩子进行实际操作。通俗地讲，平均就是消除积木堆之间的差别，让每一堆积木都一样多。在例1中，每一堆积木的块数都不一样，这就是差别。我们要思考，通过怎样的调整，才能让每一堆的积木块数都一样。调整好后，每一堆的积木块数都一样时，那么一堆积木的块数就是平均数。

　　要求平均后的平均数时，首先应该求出所有积木的总数。例1中积木的总数是 2 + 4 + 5 + 1 = 12 块。把 12 块积木分成 4 堆，每一堆的块数又相等，可以通过除法进行计算，12 ÷ 4 = 3 块。如下图所示，每一堆有 3 块的话，4 堆积木就一样多了。也就是说，平均数是 3 块。

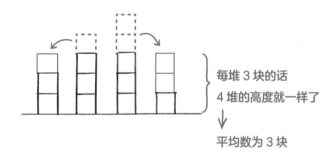

每堆 3 块的话
4 堆的高度就一样了
↓
平均数为 3 块

　　总结一下，"平均数（3 块）= 积木的总数（12 块）÷ 堆数（4 堆）"。即"平均数 = 总数 ÷ 份数"。怎么样？通过使用积木进行讲解之后，是不是更利于孩子理解了？

　　小学生学习"平均"的时候，最重要的就是把握平均数、份数和总数的关系。除了熟练掌握"平均数＝总数÷份数"这个公式，还要掌握它的衍生公式"份数＝总数÷平均数""总数＝平均数×份数"。三个公式容易让孩子混乱，借助下面这个面积图，我们可以帮孩子理清头绪。

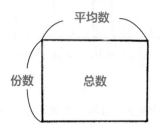

我们已经学习过长方形的面积公式，知道"长＝面积÷宽"是成立的。这个公式就相当于平均数公式"平均数＝总数÷份数"。同样，"份数＝总数÷平均数"相当于"宽＝面积÷长"；"总数＝平均数×份数"相当于"面积＝长×宽"。

在上图中，平均数相当于长方形的长，份数相当于宽，而总数相当于面积。把平均数公式和长方形面积公式结合起来记忆，就不容易出现混淆的情况了。

下面我们来看一道关于平均数的例题。

例 2 请回答下列问题。

（1）求下列重量的平均数。

152 克 158 克 135 克 175 克

（2）一个班有 41 名学生，他们这次数学考试的平均分是 73 分，求全班的总分是多少？

（3）1 个鸡蛋的平均重量是 59 克，我买了若干个这样的鸡蛋，总重量是 708 克，请问我买了多少个鸡蛋？

问题（1），要求平均数，先求总数。152 + 158 + 135 + 175 = 620 克。

根据"平均数 = 总数 ÷ 份数"公式，可知，平均总量为 620 ÷ 4 = 155 克。

问题（2）可用"总数 = 平均数 × 份数"的公式来求，放在这道题中，公式可变形为"总分 = 平均分 × 人数"。平均分为 73 分，人数为 41 人，所以，总分为 73 × 41 = 2993 分。

问题（3），可用"份数 = 总数 ÷ 平均数"的公式来求，总数为 708 克，平均数为 59 克，那么，个数（份数）为 708 ÷ 59 = 12 个。

以上，我们学习了平均数的相关知识点，请大家一定要让孩子熟练掌握平均数、总数、份数之间的关系。

用谁除以谁?

在日本小学五年级的算术教科书中,有一个单元叫作"单位量的大小"。很多小学生都在这个单元上栽了跟头。"单位量的大小"这种表达方式在日常生活中很少用到,所以对小学生来说,理解起来比较困难。

我先来解释一下什么是"单位量的大小"。

举个例子,孩子的零花钱"1 天 100 日元",分巧克力"每人分 3 块",汽车的油耗"每 1 公里 0.1 升油",等等。实际上"每 1……"这样的表述方式在我们日常生活中还是很常见的。

"每 1……"的大小,就是"单位量的大小"。

再举个例子,某一种商品,"一次性买 3 个,合计 800 日元","一次性买 4 个,合计 1100 日元"。请问哪种买法更划算?我想很多人都会解决这个实际问题。他们会分别算出两种方案中 1 个商品的单价,然后再进行比较。方案一"一次性买 3 个,合计 800 日元",那么,1 个商品的单价就是 $800 \div 3 \approx 267$ 日元。方案二"一次性买 4 个,合计 1100 日元",那么,1 个商品的单价就是 $1100 \div 4 = 275$ 日元。$267 < 275$,由此可见,方案一更划算一些。

如果只看两种方案的表述,"一次性买 3 个,合计 800 日元"和"一次性买 4 个,合计 1100 日元",不经过计算的话很难比较哪种方案便宜。

所以需要先计算出"单位量的大小",即"1 个商品的单价",然后再对单价进行比较。所以,求出"单位量的大小",有一个好处就是"便于进行比较"。

下面我们就来看几道有关"单位量的大小"的例题。

例1 有一根长 3 米、重 96 克的铁丝，请问这种铁丝每 1 米重多少克？

这道题恐怕所有小学五年级的学生都会解。3 米长的铁丝重 96 克，那么只要把 96 克进行 3 等分，就可以求出每 1 米铁丝的重量。答案是 $96 \div 3 = 32$ 克。

再看下一道例题。

例2 有一根长 300 厘米、重 96 克的铁丝，请问这种铁丝每 1 厘米重多少克？

比较例 2 和例 1，我们发现，只不过把"3 米变成了 300 厘米"，把"每 1 米变成了每 1 厘米"而已。但是，在现实中，学生解答例 2 时的正确率明显下降了。

我们来解一下例 2。300 厘米长的铁丝重 96 克，那么只要把 96 克等分成 300 份，就可以求出每 1 厘米铁丝的重量。答案是 $96 \div 300 = 0.32$ 克。

为什么小学生做例 2 的正确率比例 1 要低呢？问题可能来自部分小学生头脑中的固定思维，他们认为"除法题都应该是大的数除以小的数"。具体到这道题中，有不少学生把算式列为"$300 \div 96$"。

再看一道例题。

例3 有一根长 0.03 米、重 0.96 克的铁丝，请问这种铁丝每 1

米重多少克?

这道题也难倒了不少小学生。因为很多人分不清到底应该"0.03 ÷ 0.96"还是该"0.96 ÷ 0.03",甚至有学生列出的算式是"0.03 × 0.96"。

遇到这种令人迷惑的问题时,我教大家一招,"把题目中的数字换成简单数字,再进行思考"。例如,"把 0.03 米换成 2 米""把 0.96 克换成 6 克",原题就变成了下列形式:

> 有一根长 0.03 米、重 0.96 克的铁丝,请问这种铁丝每 1 米重多少克?

↓ 换成简单数字

> 有一根长 2 米、重 6 克的铁丝,请问这种铁丝每 1 米重多少克?

换成简单数字之后,题目就容易理解了。重为 6 克,长度为 2 米,那么,每 1 米的重量就是 6 ÷ 2 = 3 克。由此可以推导出一个公式:重量(克)÷ 长度(米)= 每 1 米的重量(克)。

通过把复杂的数字换成简单的数字,可以帮助我们理解题意,同时还推导出一个公式:重量(克)÷ 长度(米)= 每 1 米的重量(克)。这时,我们再回过头来看原题。

原题中,铁丝的长度是 0.03 米,重量为 0.96 克。根据"重量(克)÷ 长度(米)= 每 1 米的重量(克)"的公式,我们就可以求出这道题的答案,即 0.96 ÷ 0.03 = 32 克。

例 2、例 3 这种题容易令孩子迷惑,他们往往搞不清到底该用谁除以谁,这个时候,可以教孩子使用"换成简单数字"的方法。具体解题流程是:

【当搞不清楚该用谁除以谁的时候，可以采取以下三个步骤】

（1）把复杂数字换成简单数字

↓

（2）推导出公式

↓

（3）回到原来的问题，用公式解题

使用以上三步走的策略，很多问题都能迎刃而解。

"换成简单数字"的方法，除了本单元可以用，在其他很多地方都可以用，对小学生来说，这是一种很重要的解题方法。下面我们就来看一道例题，它虽然不属于本单元讲解的知识点，但同样可以使用"换成简单数字"的方法来解。

例4　求出下列□中的数字。

　　　□ ÷ 0.5 = 0.37

求□中的数字时，有些小学生搞不清该用"0.5 × 0.37""0.5 ÷ 0.37""0.37 ÷ 0.5"中的哪个式子来求。这个时候，我建议同学们使用"换成简单数字"的方法。

举例来说，我们把原题换成"□ ÷ 2 = 3"，这样是不是简单多了？相信很多同学都知道□ = 2 × 3 = 6。再回到原题，用同样的公式可以求出□ = 0.5 × 0.37 = 0.185。

为了帮大家熟练掌握"换成简单数字的三步走解题法"，我们再来练习一道例题。

例5　求出下列□中的数字。

$$4.06 \div \square = 5.8$$

求□中的数字时，有些小学生搞不清该用"4.06 × 5.8""4.06 ÷ 5.8""5.8 ÷ 4.06"中的哪个式子来求。这个时候，最好使用"换成简单数字"的方法。

举例来说，我们把原题换成"6 ÷ □ = 3"，这样就简单多了。很多同学一看就知道□ = 6 ÷ 3 = 2。再回到原题，用同样的公式可以求出□ = 4.06 ÷ 5.8 = 0.7。

只要按照上述三步走解题，孩子就不会迷惑。所以，"换成简单数字"的方法，一定要让孩子熟练掌握。

如何记忆各种单位之间的关系？

在小学算术中，孩子会学到长度、重量、面积、体积、容积等多种单位。因为学习的单位种类有点多，所以，不少小学生容易混淆各种单位，也弄不清单位之间的换算关系。

据我了解，有些勤奋的孩子把所有单位以及单位之间的换算关系都背下来了。这当然值得表扬，但我觉得死记硬背太费时间、精力，而且时间一长还容易忘记。其实，单位换算关系是有规律的，只要我们掌握其中的规律，不用死记硬背也能轻松正确换算。以下 5 个要点是学习单位换算时一定要牢记的。

【单位换算的 5 个要点】

（1）重量 1000 倍，面积 100 倍

（2）k 是 1000 倍，m 是 $\dfrac{1}{1000}$ 倍

（3）平方厘米、平方米、平方千米的关系可推导

（4）立方厘米、立方米的关系可推导

（5）同一个量，可以用不同单位表示

下面逐一讲解每一个要点。

（1）重量 1000 倍，面积 100 倍

在记忆重量和面积单位的换算关系时，"重量 1000 倍，面积 100

倍"的规律要牢记。重量单位和面积单位的换算关系如下：

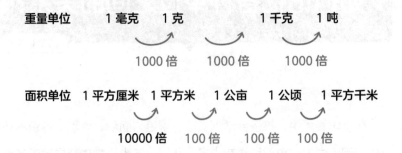

在重量单位中，相邻单位是以 1000 倍扩大的。面积单位，除了 1 平方厘米到 1 平方米是扩大 10000 倍（如果加入 1 平方分米，100 平方厘米 =1 平方分米，100 平方分米 =1 平方米，面积相邻单位都是 100 倍关系），其他相邻单位都是 100 倍的关系。

（2）k 是 1000 倍，m 是 $\dfrac{1}{1000}$ 倍

K 表示 1000 倍，m 表示 $\dfrac{1}{1000}$ 倍。例如，1 升（1L），加个 k 的话就扩大了 1000 倍变成 1 千升（kL）。另一方面，1 升（1L）加个 m 的话就变成原来的 $\dfrac{1}{1000}$ 倍，即 1 毫升（mL）。

可见，只要理解了 k 和 m 各自代表的含义，以下三种单位的换算关系就都掌握了。

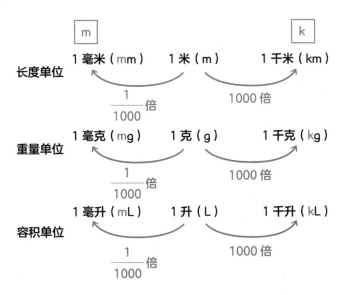

理解 k 和 m 的含义，不仅对数学，日后对物理、化学的学习都会大有帮助。例如，电流的单位是安培（A），1 安培（A）=1000 毫安（mA）。物理、化学中的很多单位都涉及 k 和 m，所以一定要在小学阶段就弄清楚 k 和 m 的含义。

（3）平方厘米、平方米、平方千米的关系可推导

常用面积单位有平方厘米、平方米、平方千米等，它们之间的换算关系可以推导出来。1 平方米 =10000 平方厘米、1 平方千米 =1000000 平方米，有学生死记它们之间的换算关系，我觉得没有必要，我有更好的方法。

先看平方厘米与平方米的关系。我们知道，边长为 1 米的正方形的面积是 1 平方米。那么，我们先画一个面积是 1 平方米的正方形。

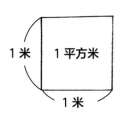

1 米 =100 厘米，那么，边长为 100 厘米的正方形面积是：

100 厘米 × 100 厘米 = 10000 平方厘米

因此，我们可以推导出 1 平方米 =10000 平方厘米。

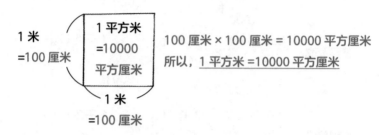

再来看平方米和平方千米之间的换算关系。边长为 1 千米的正方形的面积是 1 平方千米。同样，我们先画一个面积为 1 平方千米的正方形。

1 千米 =1000 米，所以，边长为 1000 米的正方形面积是：

1000 米 × 1000 米 = 1000000 平方米

因此，我们可以推导出 1 平方千米 =1000000 平方米。

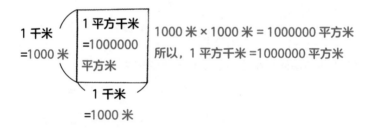

由此可见，常用面积公式平方厘米、平方米、平方千米之间的换算关系不用死记硬背，只需掌握推导原理，就可以自己推导出它们之间的换算关系。

（4）立方厘米、立方米的关系可推导

体积常用单位立方厘米和立方米之间的换算关系有推导的方法，不用死记硬背 1 立方米 =1000000 立方厘米。

我们知道，棱长为 1 米的正方体，体积是 1 立方米。我们先画一个

体积为 1 立方米的正方体。

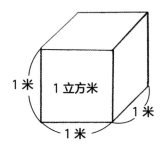

因为 1 米 =100 厘米，所以，棱长为 100 厘米的正方体的体积是：

100 厘米 × 100 厘米 × 100 厘米 = 1000000 立方厘米

因此，我们可以推导出 1 立方米 =1000000 立方厘米。

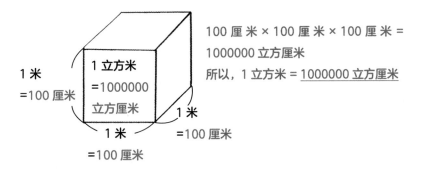

（5）同一个量，可以用不同单位表示

体积单位立方厘米和容积单位毫升，表示相同的量，即 1 立方厘米
（cm^3）=1 毫升（mL）。

体积单位立方米和容积单位千升，表示相同的量，即 1 立方米
（m^3）=1 千升（kL）。

同一个量，有的时候可以用不同的单位来表示，请大家注意。

以上就是有关单位换算关系的五个要点。只要教孩子熟练掌握这五
个要点，那么小学阶段所学的全部单位换算关系就不是问题了。最后，
我把小学阶段涉及的单位换算关系总结如下：

【小学阶段涉及的单位换算关系】

● 长度单位

1毫米（mm）　1厘米（cm）　1米（m）　1千米（km）

　　　　　10倍　　　　100倍　　　　1000倍

● 重量单位（1000倍关系）

1毫克（mg）　1克（g）　1千克（kg）　1吨（t）

　　　　　1000倍　　　1000倍　　　1000倍

● 面积单位（平方米之后是100倍关系）

1平方厘米　　　1平方米　　　1公亩　　　1公顷　　　1平方千米

（cm²）　　　　（m²）　　　（a）　　　（hm²）　　（km²）

　　　　10000倍　　　100倍　　　100倍　　　100倍

● 体积、容积单位

1立方厘米（cm³）　1分升　　　1升　　　1立方米（m³）

=1毫升（mL）　　（dL）　　（L）　　=1千升（kL）

　　　　100倍　　　10倍　　　1000倍

如何熟练掌握单位的换算？

所谓单位换算，就是把一个单位换算成同一性质的另一个单位。一提起单位换算，很多小学生就感到头疼。确实，因为不同性质的单位换算关系可能不一样，所以非常容易混淆。那么，怎样才能把单位换算做对，又怎样才能成为单位换算的高手呢？下面来看一下我的窍门。

例1 **3.78 千克是多少克？**

单位换算的窍门在于"从基本关系出发"。例 1 是一道把千克换算成克的题目，千克与克的基本关系是"1 千克 =1000 克"。根据这个基本关系，我们知道把千克换算成克需要把数字扩大 1000 倍。因此，把 3.78 千克换算成克的话，应该是 $3.78 \times 1000 = 3780$ 克。

1 千克 ＝ 1000 克
1000 倍

3.78 千克 ＝ 3780 克
1000 倍

先根据基本关系找出换算时应该变化的倍数，这是单位换算的窍门。我们再看下一道例题。

例2 **65 公亩是多少公顷?**

　　我们先从基本关系进行分析。公亩和公顷的基本关系是"100 公亩 =1 公顷"。根据这个基本关系我们可以推导出,公亩换算成公顷,把数字除以 100 即可。因此,65 公亩换算成公顷的话,应该是 65 ÷ 100 = 0.65 公顷。

$$100\,公亩 \quad = \quad 1\,公顷$$

除以 100

$$65\,公亩 \quad = \quad 0.65\,公顷$$

除以 100

例3 **28 分钟是多少小时?**

　　时间单位的换算,同样需要从单位的基本关系入手进行分析。分钟和小时的基本关系是"60 分钟 =1 小时"。根据这个基本关系我们可以推导出,把分钟换算成小时,除以 60 即可。因此,28 分钟换算成小时的话,应该是:

$$28 \div 60 = \frac{28}{60} = \frac{7}{15}\,小时。$$

$$60\,分钟 \quad = \quad 1\,小时$$

除以 60

$$28\,分钟 \quad = \quad \frac{7}{15}\,小时$$

除以 60

　　以上就是单位换算的窍门。任何单位的换算,都是根据单位的基本关系推导而出的。所以前一小节中所讲的"单位换算的基本关系",一定要让孩子们牢固掌握才行。

　　不擅长单位换算的孩子，大多是因为"单位换算的基本关系"没有掌握，所以一定要下功夫把基本关系学扎实。正因为单位换算是很多小学生的弱项，所以，如果您的孩子能把单位换算掌握好的话，他就能从众人中脱颖而出。

如何熟练掌握速度单位的换算？

速度单位的换算，也是小学生容易犯错的知识点。其中一个原因是"一个速度单位中，还包含两个单位"。举例来说，"时速 40 千米"，其中既有表示时间的"时"，也有表示距离的"千米"，略显复杂，所以在换算的时候常会把小学生搞得头昏脑涨。

那有没有办法能够帮助孩子理清速度单位换算的脉络，争取做到准确、快速换算呢？方法当然有，我的窍门是"不要死记硬背换算方法，而是要理解背后的含义"。到底怎么做，我将结合例题来给大家讲解。

例1 **秒速 5 米相当于分速多少米？**

我先请 A 同学来解这道题。A 同学事先背诵了秒速换算成分速的公式——"秒速换算成分速，乘以 60 即可"。他用 5 × 60 = 300，A 同学的答案是分速 300 米。回答正确！

但这个换算公式背后的原理是什么呢？我们来一探究竟。所谓秒速 5 米，就是"1 秒钟行进 5 米"的意思，分速则是指"1 分钟行进多少米"。因为 1 分钟 =60 秒，所以要求分速的话，只需将秒速乘以 60 即可。因为 1 秒钟行进 5 米，那么 1 分钟（60 秒）行进 5 × 60 = 300 米，所以最终答案是分速 300 米。

再看下一道例题。

例2 **秒速 10 米相当于分速多少千米？**

还是先让 A 同学来做。A 同学依然按照秒速换算成分速的公式——"秒速换算成分速，乘以 60 即可"，用 10 × 60 = 600，他给出的最终答案是分速 600 千米。回答错误！为什么这次他做错了？因为 A 同学求出的 600，单位应该是米，而题目要求的是千米。由此可见，只顾死记硬背公式的话，遇到稍微绕弯的题目，就难以应付了。

为防止这种错误发生，最重要的是"理解背后的原理"。下面我们就来剖析一下例 2 真正的含义和背后的原理。

【例 2 的正确解法】

首先，秒速 10 米的含义是"1 秒钟行进 10 米"。题目要求把这个秒速换算成分速多少千米，即"1 分钟行进多少千米"。

因为 1 分钟 =60 秒，所以 1 分钟行进 10 × 60 = 600 米，也就是说"秒速 10 米 = 分速 600 米"。

接下来，我们要把分速 600 米换算成分速多少千米。因为"1000 米 =1 千米"，把米换算成千米，除以 1000 即可。600 ÷ 1000 = 0.6，所以最终的正确答案应该是"分速 0.6 千米"。

解这道题也给我们提了个醒，要把题目中每一个要素都看清楚，都分析透彻。养成这样的思考习惯，在做数学题的时候，就没那么容易犯错误了。

学到这里，相信大家已经掌握了速度单位换算的原理。但接下来，我要悄悄教您一个"绝招"，是关于"秒速多少米"与"时速多少千米"的快速换算公式。

秒速多少米与时速多少千米之间的换算，在小学的考试中基本上不会出现，但在小升初的测试中，经常难倒很多学生。实际上，很多初中生都知道这一"绝招"，现在我要提前透露给小学的同学们。具体如下：

【秒速●米与时速■千米的换算技巧】

● 把秒速●米换算成时速■千米的时候，只需用●×3.6即可。

例　秒速15米相当于时速多少千米?

→ 15 × 3.6 = 54　答案: <u>时速 54 千米</u>

● 把时速■千米换算成秒速●米的时候，只需用■÷3.6即可。

例　时速 54 千米相当于秒速多少米?

→ 54 ÷ 3.6 = 15　答案: <u>秒速 15 米</u>

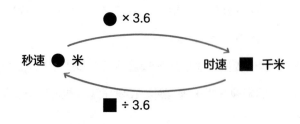

● × 3.6

秒速 ● 米　　　　　　　时速 ■ 千米

■ ÷ 3.6

（例）

15 × 3.6 = 54

秒速 15 米　　　　　　　时速 54 千米

54 ÷ 3.6 = 15

当然，不使用这个"绝招"，同样可以对秒速多少米和时速多少千米进行互换。下面我们就按部就班地来换算一下，其实，下面的做法也正是"绝招"成立的原理，大家要看仔细。

例3 秒速15米相当于时速多少千米?

因为1小时=60分，1分=60秒，

所以1小时=（60×60）秒=3600秒。

1秒钟行进15米的话，那么1小时（3600秒）行进

3600×15=54000米。

把54000米换算成千米，只需除以1000，

54000÷1000=54。 最终答案为：时速54千米。

上面的计算方法是不是比较麻烦? 如果用"绝招"的话，只需"15×3.6 = 54"一个算式就搞定了。

但是，为什么要乘以3.6、除以3.6，其中的理由是什么? 在使用"绝招"之前，我们一定要把背后的原理研究明白。

【把秒速●米换算成时速■千米的时候，用●×3.6的原理是什么? 】

秒速●米，是指"1秒钟行进●米"。

因为1小时=60分，1分=60秒，

所以1小时=（60×60）秒=3600秒

1秒钟行进●米的话，那么1小时（3600秒）行进

（3600×●）米。

把（3600×●）米换算成千米的话，只需除以1000即可，

3600×●÷1000

=（3600÷1000）×●

=（●×3.6）千米

由此可得，把秒速●米换算成时速■千米的时候，只需用●×3.6即可。

反过来，用同样的过程可以推导出，把时速■千米换算成秒速●米的时候，只需用■÷3.6 即可。

以上便是"绝招"能够成立的原因。希望大家既要学会"绝招"，也要掌握"绝招"的推导过程。有了这两个武器，再换算秒速多少米和时速多少千米，就易如反掌了。

挑战初中入学考试中的单位换算

在日本小升初的数学考试中，曾出现过如下的单位换算题。我们就来试着做一做，也当给第 8 章做一个总结。

练习题　在（　　）中填入适当的数字

（1）0.8 吨 −32000 克 − 21 千克 =（　　　）千克

（2）230 公顷 − 5000 公亩 + 0.01 平方千米 − 62000 平方米 =（　　）公亩

（3）54 分升 + 3000 立方厘米 −7.2 升 + 0.002 千升 =（　　）分升

（答案）

（1）先把所有单位统一为千克，再进行计算。

　　0.8 吨 − 32000 克 − 21 千克

= 800 千克 − 32 千克 − 21 千克

= 747 千克　　　　　　　　　　　答案　747

（2）先把所有单位统一为公亩，再进行计算。

　　230 公顷 − 5000 公亩 + 0.01 平方千米 − 62000 平方米

= 23000 公亩 − 5000 公亩 +100 公亩 − 620 公亩

= 17480 公亩　　　　　　　　　　答案　17480

（3）先把所有单位统一为分升，再进行计算。

　　54 分升 + 3000 立方厘米 − 7.2 升 + 0.002 千升

= 54 分升 + 30 分升 − 72 分升 + 20 分升

= 32 分升　　　　　　　　　　　　答案　32

怎么样，你做对了几道题？如果三道题全对的话，你应该对自己的单位换算充满信心。

第9章

解决比率中的

" ? "

什么是比率?

在计算比率的时候,如何分辨基准量和比较量?

如何记忆比率的公式?

如何解比率的问题?

什么是百分数、成数?

如何解百分数、成数的问题?

什么是比率?

在我看来，比率是日本小学数学中最深奥的一个单元。而且，这一单元不但是学生最难理解的，也是老师最难教的。

我也一直为这个问题烦恼："怎样才能简单明白地把比率问题给孩子们讲清楚呢？"在 15 年的教学过程中，我一直在探讨这个问题。现在我敢自信地说，我找到了自己的方法，保证能让孩子们透彻地理解比率。整个第 9 章，我们就一起来研究比率吧。

我迫不及待地要进入正题了。

当孩子问您："比率到底是什么意思？"您会回答吗？

教科书或参考书上一般写的是"比率，表示比较量是基准量的多少（倍）的数字"。这当然是正确的定义，但给孩子这样讲，他们仍然很难理解。那么，到底怎样才能给孩子讲清楚比率的含义呢？

在前面比率的定义中，出现了"比较量"和"基准量"两个词。结合下面的例题，我们一起来学习"比较量"、"基准量"和"比率"的含义。

例 1 以 3 为基准，6 和 3 进行比较，6 是 3 的多少倍?

这道例题很简单。$6 \div 3 = 2$，答案是 2 倍。在这道题中，基准量是 3，比较量是 6。用比较量 6 除以基准量 3，就求出了答案 2 倍。由此我们可以推导出一个公式"比率 = 比较量 ÷ 基准量"。在例 1 中，2 倍是比率。

$$6 \div 3 = 2 (倍)$$

比较量 ÷ 基准量 = 比率

孩子问："比率到底是什么？"如果告诉他"比率就相当于倍数"，相信大部分孩子都能理解。实际上，后面小节将要讲到的百分数、成数，都可以这样教孩子理解。

在例 1 中，出现了 3 和 6 两个数，目的也是要对这两个数进行比较。由此可见，比率是对两个数或量进行比较的一种手段。不过，在对两个数进行比较的时候，首先要弄清哪个数是"基准数"。在例 1 中，明确说了以 3 为基准，所以，3 就是"基准量"，6 是"比较量"。

那么，"基准"到底是什么意思呢？以××为基准，就是以××为"1倍"的意思。于是，例 1 也可以换一种说法，变成下列的例 2。

例 1　以 3 为基准，6 和 3 进行比较，6 是 3 的多少倍？

↓ 换一种说法

例 2　以 3 为 1 倍，6 和 3 进行比较，6 是 3 的多少倍？

我们可以画一张图来表示例 2。

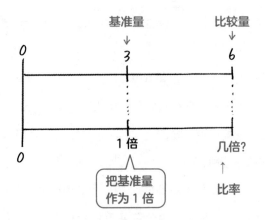

也就是说，当把基准量 3 作为"1 倍"时，比较量 6 是多少倍？解法就是用比较量 6 除以基准量 3，得到的结果是 2 倍。总结一下，比率就是"把基准量作为 1 倍，比较量是多少倍"。

再多讲几句，例 1 原题为："以 3 为基准，6 和 3 进行比较，6 是 3 的多少倍？"

如果把例 1 题干的前半部分删除，就可以得到一个新例题——例 3。

例 1	以 3 为基准，6 和 3 进行比较，6 是 3 的多少倍？
	↓ 省略部分内容
例 3	6 是 3 的多少倍？

在例 1 中，写明了"以 3 为基准，6 和 3 进行比较……"，谁是基准量，谁是比较量，一目了然。但是，如果遇到例 3 这样的题，只问"6 是 3 的多少倍"，那么，6 和 3 到底谁是基准量，谁是比较量，就令很多小学生头疼了。我们该怎么给孩子讲解呢？

之前我说比率对小学生来说是一个比较难的知识点，难点就是区分基准量和比较量。从"6是3的多少倍？"这句话中，我们知道3是基准量，6是比较量。可究竟是怎么区分出来的呢？下面进行详细解说。我要从语法的角度来讲解"6是3的多少倍？"这句话。

【从语法的角度分析】

"是"表示判断、认定；"的"是结构助词；"3的"是"多少倍"的定语，限定"是谁的多少倍"。由此可见，3是基准量，拿6和基准量3进行比较，6就是比较量。

可是，给小学生从词性、语法的角度来分析、讲解，他们也很难理解，这也是小学生觉得比率很难学的原因之一。那就没有办法给孩子讲明白了吗？别着急，下一小节我将给您揭开答案。

在计算比率的时候，如何分辨基准量和比较量？

五年级

接着前一小节的话题讲，对于"6是3的多少倍？"这样的问题，该怎样分辨谁是基准量，谁是比较量呢？为了便于大家理解，我给出另外一句话，"6是3的2倍"，请大家围绕这句话，回答几个问题。

例 "6是3的2倍"，请大家围绕这句话，回答下列问题。

（1）比率是多少？

（2）基准量是几？

（3）比较量是几？

先看问题（1），前一小节讲过，"表示倍数的数字"就是比率。在"6是3的2倍"中，表述倍数的数字是2，所以这一问题的答案是2倍。

问题（2），判断基准量，有这样一个小窍门。

【基准量的判断方法】

"的"的前面，是基准量。

"6是3的2倍"，"的"的前面是3，所以，3就是基准量。问题（2）的答案是3。

问题（3），在"6是3的2倍"中，一共出现了3个数字，分别是6、3、2。前两题已经确定3是基准量，2（倍）是比率，只剩一个6了。

剩下的这个 6 就是比较量。所以，问题（3）的答案是 6。

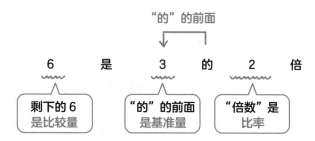

顺便讲一下，"6 是 3 的 2 倍"换一种说法可以变成"3 的 2 倍是 6"。对于"3 的 2 倍是 6"这句话，我们同样可以根据前面讲的顺序来判断比率、基准量和比较量。

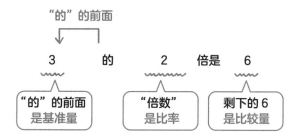

下面总结一下比率、基准量、比较量的分辨方法。

【比率、基准量、比较量的分辨方法】

"○是□的几倍"或"□的几倍是○"，可以按照如下（1）～（3）的顺序分辨比率、基准量和比较量［（1）和（2）的顺序可以调换］。

（1）"几倍"是比率

（2）"的"前面的□是基准量

（3）剩下的○是比较量

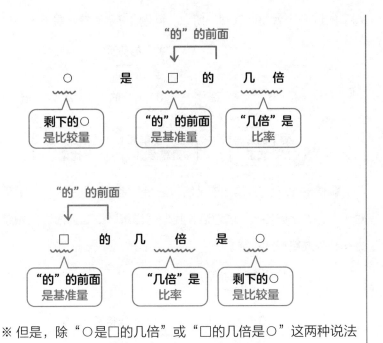

※ 但是，除"○是□的几倍"或"□的几倍是○"这两种说法以外的表达方式，不能随意套用上述判断方法，希望大家注意。

　　前一小节讲过，从语法和词性的角度给孩子讲的话，他们也不一定能理解。所以，我总结了上述方法，可以帮助孩子直观地判断比率、基准量和比较量。

如何记忆比率的公式?

在P198,我讲解了"比率＝比较量÷基准量"这个公式的推导原理。在此，我们回顾一下长方形的面积公式，"长方形面积＝长×宽"，变形可得"长＝长方形面积÷宽"。通过和比率的公式进行比较，我们发现，比率、基准量、比较量也可以用长方形的面积图来表示，如下所示：

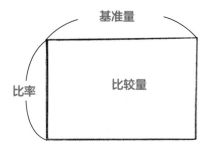

从上面这个图中，我们可以推导出有关比率的 3 个公式，这 3 个公式被称为"比率的 3 个用法"。

【比率的 3 个用法】

（1）比率 ＝ 比较量÷基准量

（2）比较量 ＝ 基准量×比率

（3）基准量 ＝ 比较量÷比率

使用上述 3 个公式，基本上可以解决有关比率的所有问题。如果能

教孩子理解每个公式的原理当然最好不过了，那样孩子使用起来就不会混淆了。但对初学比率的小学生来说，一下子理解所有公式的原理可能有点困难。但如果孩子们能够配合下列"比·基·率"的图，就可以快速掌握那3个公式。

"比"是"比较量"，"基"是"基准量"，"率"是"比率"。在上图之中，想求哪个量，就用手指遮住它，然后求它的公式就露出来了。

（1）想求比率的时候

用手指遮住图中的"率"。

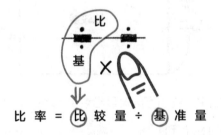

比 率 ＝ 比 较 量 ÷ 基 准 量

结果，图中剩下的部分就是"比÷基"。

也就是说，"比率＝比较量÷基准量"。

（2）想求比较量的时候

用手指遮住图中的"比"。

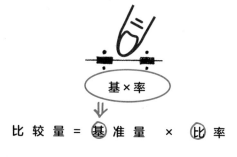

$$比\ 较\ 量\ =\ 基\ 准\ 量\ \times\ 比\ 率$$

结果，图中剩下的部分是"基×率"。

也就是说，"比较量＝基准量×比率"。

（3）想求基准量的时候

用手指遮住"基"。

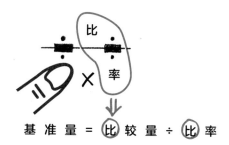

$$基\ 准\ 量\ =\ 比\ 较\ 量\ \div\ 比\ 率$$

结果，图中剩下的部分是"比÷率"。

也就是说，"基准量＝比较量÷比率"。

在这里我想顺便给大家介绍一下有关速度的 3 个公式，虽然速度不是这个单元要讲的内容，但有关速度的 3 个公式，也可以使用上述要领来记忆。我们来看下面的"距、速、时"图。

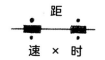

【有关速度的 3 个公式】

（1）速度 = 距离 ÷ 时间

（2）距离 = 速度 × 时间

（3）时间 = 距离 ÷ 速度

如何解比率的问题？

例1 **请在□中填入适当的数字。**

56 千克是 80 千克的□倍

这道题有两个解法。

【**解法1 两步解题法**】

有关比率的问题，可以通过以下两个步骤解决。

【**比率问题的解法**】

　　（1）区分比率、比较量、基准量

　　（2）使用比率的 3 个用法之一进行计算

　　通过这两个步骤，就可以解例 1。首先，分辨出比率、比较量和基准量。分辨方法请见 P202 介绍的方法。

　　"□倍"是比率，所以例 1 求的是比率。

　　而且，"的"的前面是基准量，所以 80 千克是基准量。那么，剩下的 56 千克就是比较量。

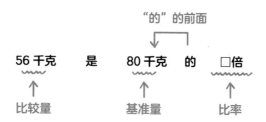

求比率，使用"比率 = 比较量 ÷ 基准量"的公式。根据这个公式可得，
□ = 56 ÷ 80 = 0.7。所以，这道题最终的答案是 0.7（倍）。

【解法 2　把题干转化成算式的方法】

例 1 还有另外一种解法，具体如下：

"○是□的几倍"或"□的几倍是○"，

将"是"换成"="

将"的"换成"×"。

※ 但是，除以上两种说法以外的表达方式，不能随意套用上述
替换方法，希望大家注意。

利用这个替换方法，例 1 可以替换为：

56 千克	是	80 千克	的	□倍
↓				↓
56	=	80	×	□

"56 千克是 80 千克的□倍"通过替换，可以变形为"56 = 80 × □"。
根据这个式子，可以得到，□ = 56 ÷ 80 = 0.7（倍）。

接下来我们再看一道例题。

例 2　**请在□中填入适当的数字。**

□元的 0.75 倍是 30 元。

这道题也可以用两种方法来解。

【解法 1　两步解题法】

先分辨出比率、基准量和比较量，如下页所示：

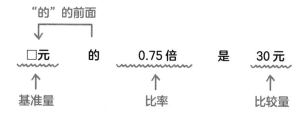

根据公式"基准量＝比较量÷比率"可得，

$$□ = 30 ÷ 0.75 = 40（元）$$

【解法 2　把题干转化成算式的方法】

把例 2 题干中的"是"换成"＝"，"的"换成"×"，得到如下算式：

□元	的	0.75 倍	是	30 元
↓		↓		↓
□	×	0.75	＝	30

题干"□元的 0.75 倍是 30 元"经过替换，变形为算式"□ × 0.75 ＝ 30"，由此可得，

$$□ = 30 ÷ 0.75 = 40（元）$$

接下来，我们再看一道例题。

例 3　**五年级学生中，住在 A 镇的有 45 人，他们是五年级全部学生的 0.3 倍。五年级一共有多少学生?**

把题干和"○是□的几倍"或"□的几倍是○"进行比较的话，可以发现题干和第一句比较接近。"他们是五年级全部学生的 0.3 倍"。

在这里，"他们"指"45 人"，即"住在 A 镇的学生"。也就是说，我们可以进行变形：

他们是五年级全部学生的 0.3 倍

↓

45 人是五年级全部学生的 0.3 倍

对于比率的应用题，我们先要（在头脑中）想办法把题干变成和"○是□的几倍"或"□的几倍是○"接近的表达方式。

认为例 3 比较简单的学生，就是善于（无意识地在头脑中）进行上述转换的人。其实，对这样的转换来说，更需要的是语文的理解能力。

我们已经把例 3 的题干转换为"45 人是五年级全部学生的 0.3倍"。随后，就可以和前面的例题一样，用两种方法来解了。

【解法 1　两步解题法】

分辨比率、基准量、比较量，如下所示：

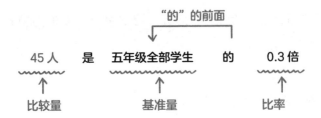

根据公式"基准量 ＝ 比较量 ÷ 比率"可得，

五年级全部学生 ＝ 45 ÷ 0.3 ＝ <u>150 人</u>。

【解法 2　把题干转化成算式的方法】

把题干中的"是"换成"＝"，"的"换成"×"，得到如下算式：

45 人　　是　　五年级全部学生　　的　　0.3 倍

↓　　　　　　　　↓　　　　　↓

45　　　＝　　　五年级全部学生　　×　　0.3

"45 人是五年级全部学生的 0.3 倍"可以转换为算式"45= 五年级全部学生 ×0.3"。据此，可以求出：五年级全部学生 = 45 ÷ 0.3 = <u>150 人</u>。

什么是百分数、成数？

前面小节中出现的诸如 0.3 倍、1.8 倍等用"几倍"的形式表示的比率，叫作小数的比率。

小数比率的 0.01（倍），也叫 1%（百分之一）。

百分数，就是用百分号表示的比率。

把小数的比率扩大 100 倍后，加上百分号，就得到了百分数。另外，用百分数的分子除以 100，去除百分号，就变成了小数的比率。

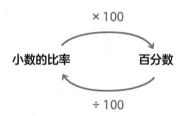

下面我们通过例题来学习百分数。

例1　请回答下列问题：

（1）请把小数比率 0.47 转换成百分数；

（2）请把 91% 转换成小数比率。

先看问题（1）。把小数比率扩大 100 倍，加上百分号，就得到了百分数，0.47 × 100= 47，所以，这道题的答案是 <u>47%</u>。

再来看问题（2）。百分数分子除以 100，就是小数比率，所以，

$91 \div 100 = 0.91$，问题（2）的答案是 0.91（倍）。

接下来我们讲成数。按下列规则表示比率的数，就是成数。

小数比率		成数
0.1（倍）	→	1成
0.01（倍）	→	1分
0.001（倍）	→	1厘

商场商品打折的时候，我们常能遇到成数，比如"8 折优惠（降价 2 成）"。另外，在日本，棒球选手的击球率也常用成数来表示，比如，某位球员的击球率是"3 成 1 分 2 厘"等。

下面看一道关于成数的例题。

例 2　**请回答下列问题：**

（1）请把小数比率 0.852 转换为成数；

（2）请把 7 成 3 分 8 厘转换为小数比率。

问题（1），0.852 由 8 个 0.1、5 个 0.01、2 个 0.001 组成，所以，转换为成数的话就应该是 8 成 5 分 2 厘。

问题（2），7 成 3 分 8 厘由 7 个 0.1、3 个 0.01、8 个 0.001 组成，所以，转化为小数比率的话就应该是 0.738。

到这里，百分数、成数就讲完了。其实，到目前为止我们学过的小数比率、百分数、成数，都是比率。

虽然都是比率，但表示的方法各不相同。它们之间的区别到底在哪里呢？

小数比率，如 P200 所讲，是把基准量作为"1（倍）"；而百分数是把基准量作为"100（％）"；成数则是把基准量作为"10（成）"。

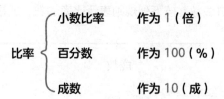

把基准量

比率 ⎰ 小数比率　　作为 1（倍）
　　　 ⎨ 百分数　　　作为 100（%）
　　　 ⎩ 成数　　　　作为 10（成）

举个例子，下面三句话，实际上表达的是相同的内容。

（小数比率）　50 人的 0.7 倍是 35 人。

（百分数）　　50 人的 70% 是 35 人。

（成数）　　　50 人的 7 成是 35 人。

用线段图表示的话，如下所示：

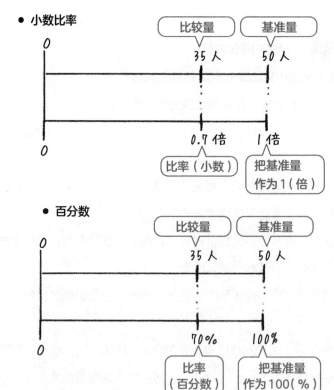

- 小数比率

- 百分数

数学原来可以这样学　小学篇

- **成数**

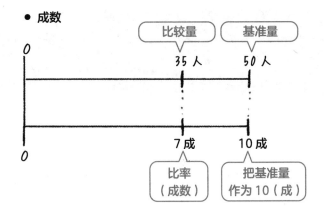

可是，关于比率的表述方式，为什么会出现小数比率、百分数、成数 3 种之多呢？可能有人会提出："把所有比率都统一用小数比率表示不好吗？"

同时存在 3 种表示比率的方法，其中理由有两个：一是"简单表示"，二是"用整数表示"。具体是怎么回事呢？下面我将详细讲解。

先举个例子，"学生人数增加了 0.05 倍"和"学生人数增加了 5%"，哪种表达方法看起来更简单？当然是后者，在这种情况下，百分数可以用整数来表示，5% 比 0.05 倍要简单、易懂。

再比如，"降价 0.3 倍"和"降价 3 成"，这两种手法哪种更容易理解？当然是成数表示的那种，用整数表示简单得多。基于上述理由，我们在表示比率的时候，不仅有小数比率，还有百分数、成数等，至于使用哪种表示方法最合适，要根据实际情况来判断。

再多说一句，在小学阶段，我们学习的比率表示方法有小数比率、百分数、成数 3 种，实际上还有其他表示方法。比如千分数，小数比率 0.001（倍）就是 1‰（千分之一）。千分数用千分号（‰）表示。

总之，表示比率的方法有很多种。

如何解百分数、成数的问题？

前面已经讲过，解比率问题时，要使用"比率的 3 个用法"。

【比率的 3 个用法】

（1）比率 = 比较量 ÷ 基准量

（2）比较量 = 基准量 × 比率

（3）基准量 = 比较量 ÷ 比率

解百分数、成数的问题，也要用到"比率的 3 个用法"。不过，有一点需要引起注意："比率的 3 个用法，是只适用于小数比率的公式。"所以，百分数、成数要先转换成小数比率，才能使用比率的 3 个用法公式。具体该怎么解，我们通过例题来学习。

例1　请在□中填入合适的数字。

□千米是 62 千米的 40%。

要想使用"比率的 3 个用法"公式，先得把百分数 40% 转化为小数。40% 转化为小数，40 ÷ 100 = 0.4（倍）。然后，再区分出比率、基准量和比较量。

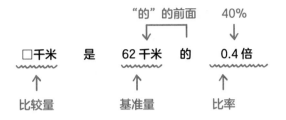

使用公式"比较量＝基准量×比率"，

　　　　□＝62×0.4＝24.8（千米）。

如果不把百分数转化为小数，直接代入公式的话，得到62×40，就大错特错了。所以，遇到百分数要使用比率公式的时候，一定要先把百分数转化为小数。

下面再看成数的例题。

例2　请在□中填入合适的数字。

□元的8成7分5厘是840元。

比例的3个用法公式只适用于小数比率，所以，遇到例2这样的题，应该先把成数转化为小数。将8成7分5厘转化为小数0.875（倍）。然后再确定比率、基准量、比较量。

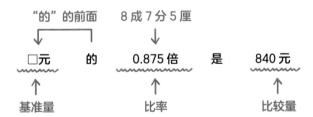

因为"基准量＝比较量÷比率"，所以，

　　　　□＝840÷0.875＝<u>960</u>（元）。

例3　有一种商品定价为2500元，因销路不好，现决定降价3成销售，请问降价后的售价是多少元？

3成，换成小数比率的话是 0.3（倍）。"降价 3 成"，是指在原来定价的基础上降价 3 成，即"把定价作为 1 倍，降定价的 0.3 倍"。

1 − 0.3 = 0.7（倍），也就是说，降价后"将以原来定价的 0.7 倍"进行销售。现在将这个思考流程总结如下：

降价 3 成

↓

把定价作为 1 倍，降定价的 0.3 倍

↓

定价的（1 − 0.3 =）0.7 倍是当前售价

接下来，再确定比率、基准量和比较量。

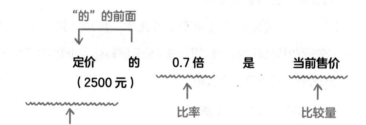

因为"比较量 = 基准量 × 比率"，所以，

当前售价 = 2500 × 0.7 = <u>1750</u>（元）。

例 3 中原来定价和降价后售价的关系，可以用下页的图来表示：

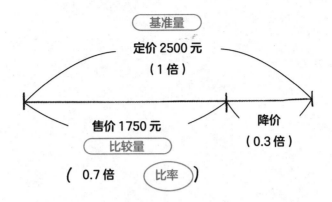

例 3 还有一种解法，先求降价的金额，降价金额为 2500 × 0.3 = 750 元。再用原价减去降价金额，就可以得到减价后的售价，2500 − 750 = 1750 元。但是，前面讲解的 2500 × 0.7 = 1750 元的方法更加快捷。

在这里，我再次强调一点，遇到百分数、成数的问题，需要使用比率的 3 个用法公式时，一定要先把百分数或成数转化为小数，然后才能套用公式。

到此，第 9 章就结束了。我想把"比率"问题尽量浅显地讲解给大家听，不知大家听后的效果如何？如果这一章能在大家学习比率问题的时候，发挥些许作用，我也会感到无比欣慰，感觉自己的努力没有白费。

第10章

解决比中的

" ? "

什么是比?

比率和比有什么区别?

如何解比的问题?

什么是比?

先举个例子,3和5的比率,也可以用3:5(读作3比5)的形式来表示。

像这样表示的比率,就叫作比。

而且,当$A:B$的时候,"$A \div B$的结果"叫作比值。

例 **求5:7的比值。**

5:7的时候,比值是$5 \div 7 = \dfrac{5}{7}$。

在求比值的时候,不少同学总是搞不清该用谁除以谁。拿上面的例题来说,有些学生不知道该用"$5 \div 7$"还是"$7 \div 5$"。

在比中,符号":"叫作比号。大家想象一下,在":"中间加入一根"一"会变成什么? 变成了"÷",是不是? 在求比值的时候,大家只要记住下面一句口诀,就不会混乱了。"保持前项、后项位置不变,在':'中插入'一'即可。"

求5:7的比值

↓ 在:中间插入一

$5 \div 7 = \dfrac{5}{7}$

比值

接下来,我们来研究一下"比相等"是怎么一回事。

先举个例子，3：5 的比值是 $3 \div 5 = \dfrac{3}{5}$。

而 6：10 的比值是 $6 \div 10 = \dfrac{6}{10} = \dfrac{3}{5}$。

可见，3：5 和 6：10 的比值都是 $\dfrac{3}{5}$。

像这样，比值相等的比，我们可以说这些比相等。比相等，可以用"="表示，如"3：5 = 6：10"。

另外，相等的比，具有以下两个性质：

【相等比的性质】

（1）$A：B$，A 和 B 同时乘以相同的数，比相等。

（例）

（2）$A：B$，A 和 B 同时除以相同的数，比相等。

（例）

比为什么有这样的性质呢？$A:B$ 的比值是 $\dfrac{A}{B}$。$\dfrac{A}{B}$ 是分数，我们在学习分数性质的时候知道，分数的分子和分母同时乘以或除以相同的数，分数大小不变。因此，比也具有同样的性质。

比率和比有什么区别?

比率和比，既有相同点，也有不同点。

如 P199 所讲，比率是对两个数或量进行比较的手段。而比，也可以对两个数进行比较，如 3∶4。我们先来看一道例题。

例 **6 是 3 的多少倍?**

我们先用比率的思维方式来解这道题，比较量是 6，基准量是 3，比较量÷基准量＝比率。因此，6÷3＝2倍。

再用比的思维方式来解，6 和 3 的比是 6∶3，求 6∶3 的比值，6÷3＝2倍。

【比率的思维方式】

$$\underset{\text{比较量}}{6} \quad \div \quad \underset{\text{基准量}}{3} \quad = \quad \underset{\text{比率}}{2（倍）}$$

【比的思维方式】

$$6 : 3 \longrightarrow 6 \div 3 = \underset{\text{比值}}{2（倍）}$$

由此可见，比率和比的共同点在于它们都是"对两个数进行比较的手段"。

但比率和比也有不同之处。比率是对两个数（基准量和比较量）进行比较，无法对 3 个或 3 个以上的数进行比较。

　　但是，比不仅可以比较两个数，也可以比较更多的数，如 3∶
4∶5。

　　以上就是比率和比的相同点与不同点。

数学原来可以这样学　小学篇

如何解比的问题?

例 请在□中填入适当的数字。

$5 : 7 = 8 : □$

"$5 : 7 = 8 : □$",像这种,表示两个比相等的式子,叫作比例式。"比例式"这个术语,并没有出现在小学教科书中,初中一年级才会学到,但小学生提前了解一下也没有坏处。

虽然小学没有教"比例式"的概念,但会出现上面那样的题目。对于上面的例题,有两种解法。

【解法 1 利用相等比的性质】

这种解法,小学会教。如 P225 所讲,相等比具有下面两个性质:

> **【相等比的性质】**
>
> (1)$A : B$,A 和 B 同时乘以相同的数,比相等。
>
> (2)$A : B$,A 和 B 同时除以相同的数,比相等。

使用性质(1)就可以解例题。首先,用 8 除以 5,$8 ÷ 5 = 1.6$。可见,8 是 5 的 1.6 倍,那么,□ 也应该是 7 的 1.6 倍,用 7 乘以 1.6 就可以求出□中的数。$□ = 7 × 1.6 = \underline{11.2}$。

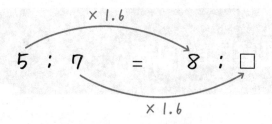

【解法 2　利用内项积等于外项积的性质】

这种解法，初中一年级才会学到。但是我认为这种解法的原理，小学生完全可以理解，所以，我建议小学生也掌握这种方法。

在比例式 $A:B=C:D$ 中，比例式内侧的 B 和 C 被称为内项，外侧的 A 和 D 被称为外项。内项的乘积（$B×C$）等于外项的乘积（$A×D$）。换言之，就是"内项积等于外项积"。

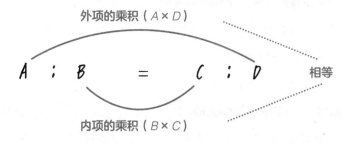

使用这个性质，就可以轻松解答例题。"$5:7=8:\square$"，内项的乘积是 $7×8=56$。那么，外项的乘积也应该等于 56，即 $5×\square=56$，$\square=56÷5=\underline{11.2}$。

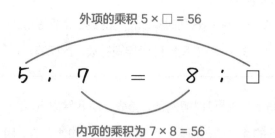

在这里我要给大家讲解一下比例式中，内项积等于外项积的原理。

在 $A:B=C:D$ 中，$B×C=A×D$ 的理由如下（以下为初中数学知识）：

【内项积等于外项积的理由】

$A : B = C : D$，说明 $A : B$ 与 $C : D$ 的比值相等，因此可得，

$$\frac{A}{B} = \frac{C}{D}$$

等号两边同时乘以 $B \times D$，等号依然成立，

$$\frac{A}{B} \times B \times D = \frac{C}{D} \times B \times D$$

约分后，可得，

$$A \times D = B \times C$$

因此，比例式的内项积等于外项积。

要给学生说明"内项积等于外项积"的原理，需要学生了解"整式"的概念，但整式是初中数学的知识，所以，比例式的这个性质要放在初中再学。但是，"内项积等于外项积"这一性质本身比较好理解，所以我建议小学生掌握这一知识点。

对于比例式的问题，有的情况使用"解法 1"比较简单，有的情况使用"解法 2"比较简单。所以，该使用哪种方法，要具体问题具体分析，但前提是两种方法都要很熟练，这样才能根据实际情况使用最简便的方法。

解决正比例与反比例中的
" ? "

什么是正比例?

什么是反比例?

什么是正比例？

日本小学六年级的数学有一个单元叫作"正比例与反比例"，不少学生认为，这一单元我大体学一学，能弄明白正比例与反比例是怎么回事就行了。但是，我建议大家一定要重视这一单元，一定要牢固掌握正比例与反比例的知识。为什么这么说？因为正比例与反比例的知识，可以说是初中、高中数学的一个"入口"，非常重要。

正比例与反比例这一单元所学的内容和数学的"函数"知识息息相关。至于其中具体的联系，初中一年级时还会有"正比例与反比例"的单元，到时会详细讲解。而且，其中的内容还会和初二要学的"一次函数"、初三要学的"二次函数"有所联系。

另外，高中数学的主要知识点——"二次函数""三角函数""指数函数""对数函数""微分、积分""三次函数"等，都会和"正比例与反比例"有所联系。在高考的时候，相关知识点是一定会考的。

函数是中学数学的一个重要主题，而正比例与反比例可以说是函数的"入口"，为了给中学数学打基础，所以课本会安排在小学六年级让孩子接触正比例与反比例。如果能在六年级牢固掌握正比例与反比例的知识，中学遇到函数时，就可能学得很顺利。

另外，正比例与反比例的知识，在中学要学的物理、化学中也会经常出现。例如，溶液的浓度，就是溶质与溶液的正比例。在物理课学到电流时，也会遇到正比例与反比例的知识，比如，当电流流过导体时，电流的强度与电压成正比，与导体的电阻成反比。

以上只是很简单的例子，在物理、化学中，还有很多正比例和反比例的用法。由此可见，掌握正比例和反比例的知识，不仅对学习数学有帮助，对学习物理、化学等学科都很重要。

那么，到底什么是正比例和反比例呢？我先给大家讲解正比例。

我以长方形为例，下图中的长方形宽为 5 厘米、长为 x 厘米、面积为 y 平方厘米。

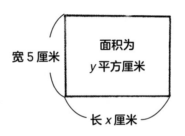

那么，x 和 y 的关系就如下表所示：

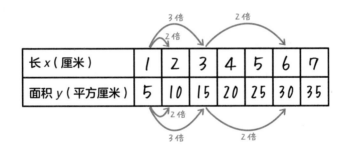

从表中数据我们可以看出，当 x 变为原来的 2 倍、3 倍……时，y 也相应地变为原来的 2 倍、3 倍……

像这种，有两个相关的量 x 和 y，当 x 变为 2 倍、3 倍……时，y 也相应地变为 2 倍、3 倍……那么，这两个量就是正比例关系。当有人问您"什么是正比例"时，以上就是标准答案。

在前面举例的长方形中，宽为 5 厘米、长为 x 厘米、面积为 y 平方厘米。因为长方形的面积＝长×宽，所以可以得到以下式子：

$$y = 5 \times x$$

面积 ＝ 宽 × 长

当 y 和 x 成正比例关系时，就可以得到式子"y = 常数 × x"。在上面的例子中，常数为5。所以，"$y = 5 \times x$"。

接下来我们学习正比例的图像。关于"$y = 5 \times x$"中，x 与 y 的关系，我们列出了下面一个数据表（x的值取到5）。对于"$y = 5 \times x$"，当 $x = 0$ 时，$y = 5 \times 0 = 0$。我们把"$x = 0$，$y = 0$"也加入表中。

长 x（厘米）	0	1	2	3	4	5
面积 y（平方厘米）	0	5	10	15	20	25

根据上表中的数据，我们在坐标系中标出相应的点，结果就得到下面的图像。横轴表示 x，纵轴表示 y。

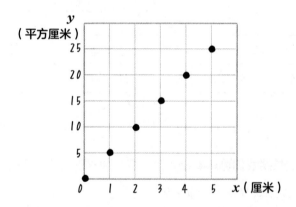

然后，我们把这些点用直线连接起来，就描绘出了 $y = 5 \times x$ 的图像。

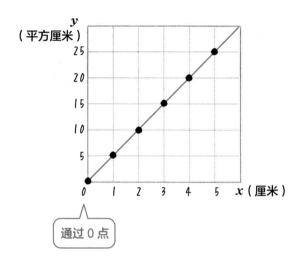

通过 0 点

由此可见，正比例的图像是一条经过 0 点的直线。0 点，叫作原点。

说点题外话，下图中有（A）（B）两个图像，您认为它们是正比例的图像吗？

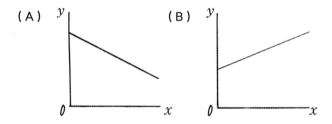

（A）和（B）的图像是直线，但都没有经过原点。所以，它们都不是正比例的图像。因为正比例的图像一定要经过原点。

像（A）和（B）那样的图像，不经过原点的直线，是一次函数的图像。要到初中二年级才会学到。

小学阶段，要帮助孩子牢固掌握正比例的定义、正比例的式子以及图像，为日后的学习打下基础。

什么是反比例？

六年级

这一小节我们学习反比例。

和学习正比例时一样，我们还拿长方形举例。假设有一个长方形宽为 x 厘米，长为 y 厘米，面积为 18 平方厘米。

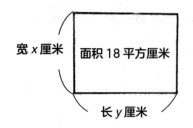

我们列出一串数据来观察 x 和 y 的关系。

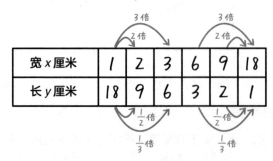

宽 x 厘米	1	2	3	6	9	18
长 y 厘米	18	9	6	3	2	1

分析表中数据我们可以发现，当 x 变为原来的 2 倍、3 倍……时，y 相应地变为原来的 $\dfrac{1}{2}$ 倍、$\dfrac{1}{3}$ 倍……

像这种，有两个相关的量 x 和 y，当 x 变为 2 倍、3 倍……时，y 相应地变为 $\dfrac{1}{2}$ 倍、$\dfrac{1}{3}$ 倍……那么，这两个量就是反比例关系。当有人问您"什么是反比例"时，以上就是标准答案。

在宽为 x 厘米、长为 y 厘米、面积为 18 平方厘米的长方形中，面积÷宽＝长。因此可以得到以下式子：

$$\underset{\text{长}}{y} \quad \underset{}{=} \quad \underset{\text{面积}}{18} \quad \underset{÷}{÷} \quad \underset{\text{宽}}{x}$$

当 y 和 x 成反比例关系时，就可以得到式子"y = 常数 ÷ x"。在上面的例子中，常数为 18。所以，"y = 18 ÷ x"。

接下来我们学习反比例的图像。以"y = 18 ÷ x"为例，我们再看一下显示 x 和 y 关系的那组数据。

宽 x 厘米	1	2	3	6	9	18
长 y 厘米	18	9	6	3	2	1

根据上表中的数据，我们在坐标系中标出相应的点，结果就得到下图的图像。

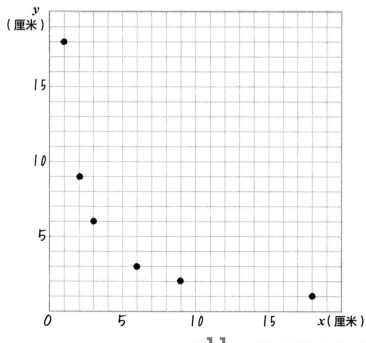

把这些点用平滑的曲线连接起来，就得到下图中的图像，也就是 $y = 18 \div x$ 的图像。注意，点与点之间不能用直尺连接，要手绘平滑的曲线。

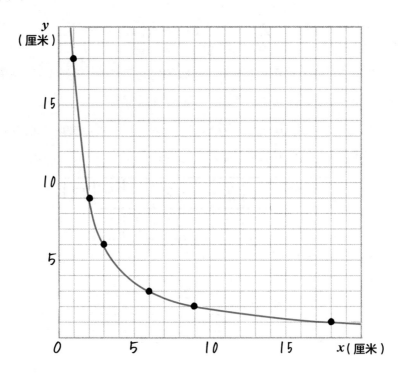

如上图，反比例的图像是平滑的曲线。

在画反比例的图像时，我们先在坐标系中确定一些点，但在连接这些点的时候，有些同学使用了直尺，点与点之间用直线连接，结果就出现了下页图中的效果（下页图中，是绘制 "$y = 8 \div x$" 的图像时，使用直尺连接各点的效果）。

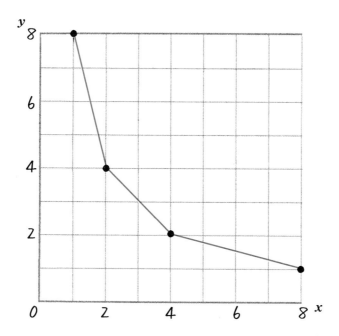

　　这样画反比例的图像，在考试中是无法得分的。

　　大家一定要让孩子们记住，反比例的图像是曲线，绘图时一定不要使用直尺，要手绘平滑的曲线。

　　到此，正比例和反比例的主要知识点就讲完了。下面用表格的形式对正比例和反比例二者的概念、式子、图像进行总结，帮助大家更好地理解它们的特点和差异。

正比例与反比例的特征

	正比例	反比例
概念	有两个相关的量 x 和 y，当 x 变为 2 倍、3 倍……时，y 也相应地变为 2 倍、3 倍……那么，这两个量就是正比例关系。	有两个相关的量 x 和 y，当 x 变为 2 倍、3 倍……时，y 相应地变为 $\frac{1}{2}$ 倍、$\frac{1}{3}$ 倍……那么，这两个量就是反比例关系。
式子	$y = $ 常数 $\times x$	$y = $ 常数 $\div x$

续表

	正比例	反比例
图像	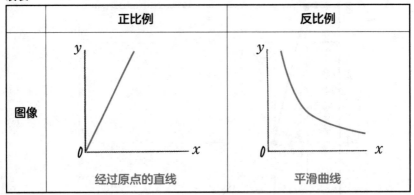	
	经过原点的直线	平滑曲线

第 12 章

解决排列组合中的

" ? "

排列与组合有什么区别?

解组合问题,还有其他方法吗?

排列与组合有什么区别?

和"正比例与反比例"一样，排列、组合也是中学要学的知识。在数学中，排列、组合属于"概率"的范畴。

在小学阶段，让孩子们充分理解排列与组合的区别，非常重要。接下来，我们就通过例题来研究一下排列与组合到底有什么区别。

例　**请回答下列问题:**

（1）在5个人中选出2个人排列顺序，有多少种排列方法?

（2）在5个人中选出2个人组合在一起，有多少种组合方法?

您觉得例题中（1）和（2）的答案一样吗? 实际是不一样的。"排列方法"和"组合方法"是有区别的。

"排列"和"组合"这两个词语在日常生活中，是有明显区别的。但放到数学问题中，让您具体说明二者的区别，恐怕很多朋友还无法马上回答出来。下面我们就来分析一下。

例题中，问题（1）是排列的问题，问题（2）是组合的问题。

小学数学会教排列和组合的区别，但很多学生并没有完全理解，带着疑问就上初中了，导致初中、高中再遇到排列、组合问题时，头脑依然是昏的。现在我就借此机会，把排列和组合的区别，给大家彻底讲明白。

先看问题（1）。"在5个人中选出2个人排列顺序，有多少种排列方法?"假设这5个人分别是A、B、C、D、E，从中选2个人，并排列顺序，那么，我们就把所有排列方法都罗列出来，如下所示：

(Ⓐ、Ⓑ)　(Ⓐ、Ⓒ)　(Ⓐ、Ⓓ)　(Ⓐ、Ⓔ)

(Ⓑ、Ⓐ)　(Ⓑ、Ⓒ)　(Ⓑ、Ⓓ)　(Ⓑ、Ⓔ)

(Ⓒ、Ⓐ)　(Ⓒ、Ⓑ)　(Ⓒ、Ⓓ)　(Ⓒ、Ⓔ)

(Ⓓ、Ⓐ)　(Ⓓ、Ⓑ)　(Ⓓ、Ⓒ)　(Ⓓ、Ⓔ)

(Ⓔ、Ⓐ)　(Ⓔ、Ⓑ)　(Ⓔ、Ⓒ)　(Ⓔ、Ⓓ)

　　数一数，一共有 20 种排列顺序的方法。所以，问题（1）的答案是 <u>20 种</u>。

　　再看问题（2）。"在 5 个人中选出 2 个人组合在一起，有多少种组合方法？"我们姑且只看 A、B 两个人。如果按照问题（1）的排列方法，那么 A、B 两个人有（A、B）和（B、A）两种排列方法。因为对"排列"来说，不同顺序，算不同的排列方法。但对问题（2）的"组合"来说，只要求把 2 个人"组合在一起"，不考虑他们的顺序问题，因此（A、B）和（B、A）只能算 1 种组合方法。

【A、B 两人的排列、组合方法】

排列方法	(Ⓐ、Ⓑ)	2 种
	(Ⓑ、Ⓐ)	
组合方法	(Ⓐ、Ⓑ)	1 种

　　到这里，您应该明白"排列方法"和"组合方法"的区别了吧。简单地说，"排列"要考虑顺序，"组合"不考虑顺序。

> 排列　→　考虑顺序
>
> 组合　→　不考虑顺序

在遇到排列组合问题的时候，首先要弄清楚它到底是排列问题还是组合问题，也就是看是否考虑顺序。

再回到问题（2），"在5个人中选出2个人组合在一起，有多少种组合方法？"这是"组合"问题，不用考虑顺序。我们把所有组合方法都罗列出来，如下所示：

（Ａ、B）（Ａ、C）（Ａ、D）（Ａ、E）

（B、C）（B、D）（B、E）

（C、D）（C、E）

（D、E）

以上10种就是"在5个人中选出2个人组合在一起"的方法，所以，问题（2）的答案是 10 种。

"排列"要考虑顺序，"组合"不考虑顺序。这是小学阶段学习排列、组合时一定要牢记的重点。通过这一点弄清排列与组合的区别，将对初中、高中学习排列组合有很大的帮助。

解组合问题，还有其他方法吗？

六年级

前一小节例题中的问题（2）"在 5 个人中选出 2 个人组合在一起，有多少种组合方法？"是一个组合问题。当时我们的解法是把所有组合方法都罗列了出来，虽然正确，但比较麻烦、费时，如果数量较大，用这种方法解就不太现实了。那有没有其他方法呢？当然有，下面我就为您介绍两种有趣的解法。

先看第一种方法。如下图，画 A、B、C、D、E 5 个点。

用线段将 5 个点分别连接起来。

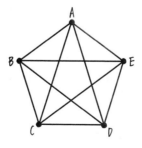

全部连接起来，需要画 10 条线段。

"在 5 个点中，选择 2 个点用线段连接起来"，一共可以连 10 条线段。

也就是说，"在 5 个点中，选择 2 个点组合在一起"，有 10 种组合方法。

那么，"在 5 个人中选出 2 个人组合在一起"，有 10 种组合方法。

第二种方法，如下图，先画一张表。

	A	B	C	D	E
A			※		
B					
C	※				
D					
E					

上表就像一张足球循环赛的对战表。所谓循环赛，就是所有参赛球队，都要和其他参赛球队对战 1 场。例如，上表中的 2 个 "※" 就表示 A 与 C 的对战（但这 2 个 ※ 表示同一场比赛）。

我们可以把上表看作 A、B、C、D、E 这 5 支球队进行循环赛的对战表。每进行一场比赛，我们就在相应的格子中画一个〇。

	A	B	C	D	E
A		〇	〇	〇	〇
B			〇	〇	〇
C				〇	〇
D					〇
E					

所有球队都参加比赛之后，一共画了 10 个〇。也就是，一共进行了 10 场比赛。

"在 5 支球队中，选择 2 支进行比赛"，一共要进行 10 场比赛。

也就是说，"在 5 支球队中，选择 2 支球队"，一共有 10 种方法。同理，

"在 5 个人中选出 2 个人组合在一起"，有 10 种组合方法。

　　以上就是解决组合问题的两种有趣的方法。而且，这两种方法对理解组合的本质也有帮助，所以我专门挑选出来介绍给大家。在数学中，像这样使用图表帮助思考理解的情况比比皆是。下次当您被一道数学题难住的时候，不妨画画图表，没准您就能找到解题的灵感呢。

后记

　　作为家长，在教孩子学数学的时候，最大的一个禁忌用语就是"你明白了吗"，因为当我们问孩子"你明白了吗"时，孩子会是什么反应？即使孩子还没太明白，但因为怕父母责怪，也会含糊其词地说："嗯，明白了。"而且，当孩子回答"明白了"时，我们也无法把握孩子到底明白了几成，是全明白了，还是明白了一半？

　　只明白了6成，孩子也可以回答"明白了"，而从头到尾、方方面面都明白了，孩子的回答也是"明白了"。这两个"明白了"是有天壤之别的。由此可见，"明白了"这个词所包含的范围是非常宽的，而数学要求的是"精确"，因此，为了避免孩子给出含糊的回答，我们就不应该问出含糊的问题。

　　本书对"明白了"的定义是："要把知识掌握到能给小学生讲明白的程度。"这才算真正"明白了"。说实话，这个定义的门槛还是很高的。为什么这么说？本书的前言中也讲过，自己明白，但无法用语言表达出来，无法给别人讲明白，在我看来，那还不算真正明白。

从这个意义上说，本书的终极意义就是帮读者把小学数学"真正弄明白"。具有深刻思考能力的人，都会给"明白"进行严格的定义。他们嘴里不会轻易说出"明白了"三个字。如果您也能在头脑中提升"明白了"的门槛，养成不轻易说"明白了"的习惯，那么，不仅在数学方面，在其他领域的学习中您也能进步神速。我就是想通过这本书，帮助更多的人理解"明白"的真正含义。

最后，我要向责任编辑坂东一郎先生和出版社的各位同人，送上衷心的感谢。是你们，让这本书有了和大家见面的机会。

最重要的，我还要感谢阅读这本书的读者朋友。如果这本书能激发您或孩子对数学的兴趣，感受到数学的快乐，我将感到莫大的幸福！

小杉拓也

SHOGAKUKOU ROKUNEMBUN NO SANSU GA OSHIERARERUHODO YOKUWAKARU
by Takuya Kosugi

著作权合同登记号：图字 18-2020-120

图书在版编目（CIP）数据

数学原来可以这样学 . 小学篇 /（日）小杉拓也著；
郭勇译 . -- 长沙：湖南文艺出版社，2021.1（2024.2 重印）
ISBN 978-7-5404-9906-8

I. ①数… II. ①小… ②郭… III. ①数学 – 青少年
读物 IV. ①O1-49

中国版本图书馆 CIP 数据核字（2020）第 230886 号

上架建议：数学·青少读物

SHUXUE YUANLAI KEYI ZHEYANG XUE. XIAOXUE PIAN
数学原来可以这样学 . 小学篇

作　　　者：［日］小杉拓也
译　　　者：郭　勇
出 版 人：陈新文
责任编辑：刘雪琳
监　　制：邢越超
策划编辑：李彩萍
特约编辑：万江寒
版权支持：金　哲
营销支持：文刀刀　周　茜
封面设计：梁秋晨
版式设计：李　洁
出　　版：湖南文艺出版社
　　　　　（长沙市雨花区东二环一段 508 号　邮编：410014）
网　　址：www.hnwy.net
印　　刷：三河市中晟雅豪印务有限公司
经　　销：新华书店
开　　本：680mm×955mm　1/16
字　　数：215 千字
印　　张：17
版　　次：2021 年 1 月第 1 版
印　　次：2024 年 2 月第 6 次印刷
书　　号：ISBN 978-7-5404-9906-8
定　　价：48.00 元

若有质量问题，请致电质量监督电话：010-59096394
团购电话：010-59320018